THE COMPLETE GUIDE TO
LIGHT &
LIGHTING
IN DIGITAL PHOTOGRAPHY

DIGITALLY REMASTERED 10TH ANNIVERSARY EDITION

光线与用光

迈克尔·弗里曼 **数码摄影用光完全指南**

（十周年纪念版）

[英] 迈克尔·弗里曼 (Michael Freeman) 著　张悦时 译

光线与用光

迈克尔·弗里曼 **数码摄影用光完全指南（十周年纪念版）**

THE COMPLETE GUIDE TO **LIGHT & LIGHTING** IN DIGITAL PHOTOGRAPHY

DIGITALLY REMASTERED 10TH ANNIVERSARY EDITION

ilex

人民邮电出版社

北京

前言

提到摄影，我总是对光线非常着迷，这也许是因为光线总能让照片产生不同的效果。不论拍摄题材、风格和拍摄方法是什么，我们总是会涉及对光线的选择。当然，我们也会遇到一些完全由题材和一瞬间的情况决定的拍摄场景，如新闻和体育摄影，这让我们无法选择不同的光线。即便如此，了解了传感器的反应方式及后期制作的方式，我们也能实现对光线的控制。在更从容的，或者那些可以预先制订拍摄计划的情况下，不同的光线可以创造出完全不同的画面。对于我来说，光线是一种视觉素材。光线的质量会决定一张照片是否值得拍摄，在一些环境中它甚至比画面中的物体更受瞩目。因为上述原因，为拍摄照片选择不同的光线本身就是让我很享受的过程。

对照明器材的详细描述，包括从投射光线的技术到精确定向的技术等内容。

为何光线如此重要，为何某些类型的光线比其他光线更佳，这就是另一个领域的问题了。吸引力属于心理学范畴，完全超出了本书的内容范围，我也没有足够的能力去讨论这个问题。但是我们可以对照明效果按照某种方法进行分类。哪些更吸引人，哪些更无聊，哪些更有戏剧性，哪些更奇怪，评判结果取决于摄影师和观众所站的角度。很显然，摄影师和观众的角度不可能完全一致，但是摄影师总是希望自己拍摄的照片能得到观众的喜爱。

本书所讲到的光线和照明的内容体现了我的两个重要观点：首先，摄影师需要知道照射在物体上的光线能否满足拍摄的需求；其次，数码相机的用户能够（且必须）以数码的方式对光线进行解读和改变。

不论是拍摄静物还是人物，在本书的第4章中你都能找到关于完美布光的知识。

从应对现有光线到完美布光，我在本书阐述了尽可能多的用光技术。最重要的是，本书涵盖了一些较新的数码技术，包括从相机操作到后期制

自然光和人造光同样重要。在接下来的章节中我们会探讨如何等待完美的光线，以及如何利用计算机完善自己的作品。

作，还有一些复杂的数码照明效果。而本书对数码技术问题的深层次探讨，我认为是较为合适的。数码相机和数码影像技术在不断发展变化，摄影师得以拥有如此强大的工具来创造影像，这在某种程度上颠覆了我们对摄影的认知。

价格低廉的胶片相机对将摄影推广到全世界起到了辅助作用，但是数码相机让摄影变得更成功，也让人能即刻体会到拍摄的喜悦。同时，互联网让照片的展示出现了井喷式的增长。现在照片随处可见，这对摄影师（而不是一般拿着数码相机的人）的要求也更高，摄影师需要更加努力地创作与众不同的作品。任何人都可以拍摄同一种题材，但是光线才是让一张照片脱颖而出的特质之一。对于那些经常观赏摄影作品的观众，以及在某种程度上会对照片做出对比评价的观众来说，能够感受到摄影师对光线的控制及其对光线的微妙差别的理解，是他们欣赏一幅作品的重要原因之一。

版权声明

内容提要

摄影是用光的艺术，能否清晰地理解光线和运用光线决定着一位拍摄者能否被称为合格摄影师。在平易近人的讲解和演示中，作者希望传达给读者正确的理解光的思路，以及实用的摄影用光技巧。其间的诸多精彩要点和深刻的实例，都是作者从业30多年来的亲身体验和完美总结。无论是什么样的拍摄题材，无论是自然光还是人造光，无论是在前期拍摄还是后期处理，这本书都能为读者提供帮助。通过这些知识，读者将会感悟到，用光是创作好照片的常备技巧，而不仅仅是辅助摄影的手段。通过阅读这本书，各类复杂的摄影场景将不再棘手，你将能够轻松获得优秀的摄影作品。

本书适合摄影爱好者、专业摄影师以及摄影相关专业学员阅读。

目录

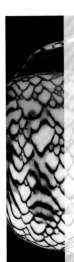

第1章
光线和相机

我们对光线的运用和对照片的创作完全取决于相机捕捉光线的方式。数码摄影改变了相机捕捉光线的方式，其一是因为传感器的工作方式发生了改变，其二是因为影像数据在传感器、存储卡和计算机之间可以无损传输。相较于传统胶片相机，数码相机的传感器对光线的感应和记录有着本质的不同，这是数码相机对图像进行特殊控制的基础。数码摄影对光线的捕捉和修改进行着几乎全方位的控制，与胶片相比不仅更有力，使用的方式也完全不同。这使得我们有必要对所有的技术和可能性提供全方位的引导，不仅是帮助摄影师解决白平衡、压缩的高光及动态范围等问题，更要让摄影师能在大多数条件下得到最好的拍摄效果，使摄影师通过对高端摄影中光线的效果进行调节，实现他们的创作需求。

数码相机相较于胶片相机来说，已经不仅仅是装有感光元件的一个载体。传感器不仅仅是装在快门和镜头后面，可以装进取出的一个组件，它更是相机的重要部件之一，可以对光线进行转译和处理。为了使相机拥有强大的处理影像的性能，我们不能避免一些功能的自动化，这其中就包括了很多重要的光线设定，如曝光、白平衡及对比度，而将自动化运用在这些选项的设定上的最大优势就是相机可以以一种更客观的方式处理影像，并以更"准确"的方式去渲染它们。"自动"是影像处理的最自然的默认设置，最简单的原因就是曝光、整体的色彩，以及对比度可以被测量，然后相机可以通过调整其他值来配合所有已知的值。"正确"的光线设定指通过曝光和对比度控制，将中间调放置在直方图几乎中间的位置，并最大限度地避免高光和阴影细节的流失。它还需要达到一种色彩上的平衡，即将中间调尽可能放置在中性范围内，并将它们完全中性化。这一切都为摄影师带来了极大的便利，但是只有当我们知道相机是如何替代我们工作的时候，我们才能够更好地驾驭它。

我们看到的光线

数码摄影和后期制作能够为光线提供更周到、更复杂的处理方法。我们总是会发现一张照片和实际的景象看起来截然不同，但是在数码摄影出现以前，能够让照片和实际景象一致的手段是极少的。正是由于手段少之又少，我们直接放弃了一些基本的需求，如在高对比度的环境下捕捉完整的影调范围，或者在混合照明的环境下处理不同的偏色情况。现在我们能够对每个单一元素进行进一步的处理，下面让我们先看看它们都是什么。

我们看到光线的方式并不一定是相机记录光线的方式，但是我们的最终目标是创造出与我们的视觉感知一致的影像。

首先，也是最重要的，我们的眼睛通过无意识的快速移动来构建一个影像，通过狭窄的聚焦视觉快速掠过场景，首先感知最重要的部分，然后才会感知剩余的内容。这一切发生得如此之快，我们在最初观察时只需要短短一瞬，然后随着时间延长再感知更多的信息。从观察光线信息的角度来看，这样做能够接收很大范围的亮度信息并将其融入视觉感应。而胶片或传感器通过一次曝光拍摄的照片远远达不到这样的效果。但是经过多年的发展，摄影已经有了自己独特的表达手法，其中包括剪影和炫光影像。这些手法实际上是一些人为的构成，因为在现实中我们并不会以这种方式进行观察，但是因为我们对此种影像很熟悉，以至于它们已经成了自己的一种"真实"感受。

其次，我们的视觉皮层能够适应光线的变化。当白天慢慢变为夜晚，直到时间较晚时，我们才会真正体会到黑暗，这得益于我们体内诸如瞳孔扩张等复杂的身体结构反应。当我们坐在一间由钨丝灯照亮的房间内，阳光慢慢消失，房间内的钨丝灯慢慢成为主光源的时候，光线的色彩感觉并没有太多变化；但是当我们从夜晚的户外回到房间里的时候，房间里的光线看起来就会有点儿偏橙色。所有的数码校正都必须基于观众的角度，取决于其是否期待室内的光线呈现暖色调。

我们观察的方式

人眼通过迅速构建场景的"记忆"来适应亮度的差异，并通过无意识且具有跳动性的移动，来"记忆"场景中的重要内容。人眼集中观察的区域相对较小，但是会"建立"于一个完整的场景之中，其亮度和色彩也会自动平衡。下图是一个当代日本茶道房间的场景，按顺序排列的图片模拟了我观察这个房间的方式。

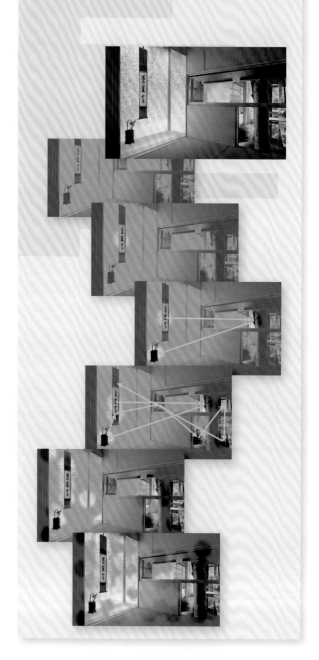

图像的剪影

胶片较低的动态范围带来的一个不可避免的现象就是，逆光拍摄的照片会以剪影的方式呈现，摄影师也学会了用这种方式来创造图像上的视觉冲击。在上面这张照片中，背着茅草的当地人给第一次看到这张照片的人带来了双重的视觉冲击（虽然在看到照片的一瞬间只能看到并不明显的表像，但是最终会看懂照片中的内容）。

可以接受的炫光

左图是一张从房间内向外看，户外因为曝光过度而失去细节的照片。经过一个多世纪的时间，我们不仅接受了这种画面的效果，甚至被它吸引了，因为它给人一种明亮的日光洒满房间的感觉。

光源

我们肉眼可见的和拍摄捕捉到的大部分光线都是发热光，换句话说，这些光线都是因某种物体的燃烧而产生的。这种现象也是太阳和家用灯泡共有的唯一特性。摄影时，我们需要考虑光源的大小和温度。灯泡需要电流穿过密封的气体，以激发电子的形式来发射光线。这种发射光线的方式缺乏波长的连续性，会导致偏色（相较于相机和传感器而言，我们的眼睛更容易对这种现象进行调整）。而闪光灯作为摄影照明的主要来源，并不是我们视觉体验的一部分，因为闪光的速度太快了，并不能在我们的视网膜上形成一幅图像。

太阳光 / 日光 在最亮时候的设置基本为快门速度 1/125，光圈 f/16，感光度 ISO 100，大部分时间内光线为白色，光线会因为云和其他天气条件产生漫射或减弱。

白炽灯 除了为摄影设计的白炽灯外，其他白炽灯的光线都较弱，相对于日光而言光线的色彩更偏橙色，通过灯丝的"燃烧"而发光。

荧光灯 电流穿过气体，激发灯管内镀膜上的荧光粉来发光。这种光源在购物中心和办公室等室内环境中较为常见，但是已经有点儿过时。光线在肉眼观看时接近白色，但是在拍摄照片时会产生难以预测的偏色状况。

蒸气放电灯 电流激发混合气体并发出多种色彩的光线。这种光源除非是特别为电影或摄影而设计（如镝灯）的，否则几乎无法校正色温。

平方反比定律

照射在物体上的光线的强度，会随着与光源的距离的变远而减弱。很重要的是，光线强度减弱的量和距离的平方成比例，因此光线强度符合平方反比定律：$lux = cp \div d^2$（其中 cp 是光线强度，单位是烛光，d 是光源到物体表面的距离，计算出的结果为勒克斯）。因此，一个距离较远的强光源在一定的场景深度内，与距离较近的弱光源相比亮度变化更少。最明亮、距离最远的光源是太阳，它能够为地球上的任何位置提供几乎一致的有效光线。房间内的光源，如节日中用于照明的蜡烛，只能发出很少的光线。

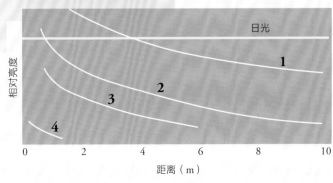

1 800J 影棚闪光灯（闪光指数为 210）

2 机内闪光灯（闪光指数为 40）

3 800W 卤钨灯

4 60W 卤钨灯

动态范围

动态范围是所有场景中光线的关键特性。因为传感器对光线的反应，和它们对光线的很多可能的处理方法都与动态范围有关，所以动态范围有着超乎寻常的重要性。不仅如此，动态范围作为一种特性，其应用范围已经不限于相机传感器本身，还和显示的方法有着密切关系，这包括计算机的显示器和打印照片所用的纸张。如果我们想让数码摄影达到最佳的效果，相机、显示器和最终的打印作品必须互相匹配。简单来说，很多场景的动态范围高出相机实际的记录能力很多，而照片本身的动态范围也比一般显示器所能显示的动态范围高，纸张的动态范围则是最低的。

动态范围对于数码摄影有着特殊的重要性。它代表着最亮和最暗影调的比例，并且影响着场景、相机及照片的显示方式。

大部分曝光和拍摄问题会因为动态范围过高而变得更加明显。所谓的"过高"是针对相机传感器来说的，因为我们的眼睛在不同的环境下可以适应最高达30000∶1的动态范围。我们的眼睛之所以可以做到这样，是因为眼睛可以快速地将注意力集中在整个视野中的小局部区域，并且快速适应不同的亮度。小局部区域的动态范围可能在100∶1与150∶1之间，但是我们的视觉皮层可以通过在不同场景中的跳跃，将它们"组合"成一个更宽广的视野，从而"记住"更高的动态范围。

下页图片展示了动态范围从低到高的场景的区别。动态范围的高低是相对的，但是一般来说，高动态范围是指场景超过了8位JPEG图像或者8位显示器的处理能力（换句话说，就是超过了256∶1，即8个曝光挡位）。超高动态范围的场景通常指带有光源的场景，当然这也要看我们如何定义"光源"（可能是指太阳、台灯或者路灯，也可能指光亮的反射面）。相机液晶屏幕中显示的直方图能给我们提供一个直观的线索：当影调全部集中在中间时为低动态范围，而当影调充满整个直方图，且左右边缘影

调较多时，就很明显是超高动态范围。我们需要记住一点，直方图所显示的是8位JPEG图像的动态范围，而非拥有12位或更高位的数码传感器的RAW文件的动态范围。

在第5章中，我们会看到一些高动态范围（HDR）照片。我们可以通过一些高级数码后期技术来处理这样的图像，但是从一般的拍摄角度来看，高动态范围意味着我们要小心处理可能被压缩的高光和阴影。一般情况下，我们难免要对曝光做出一定的牺牲妥协（请参考第38~39页关于曝光策略的内容）。

动态范围

全日光场景
50000∶1
16+曝光挡

眼睛的组合反应
30000∶1
15曝光挡

数码照片
2000∶1
11+曝光挡

液晶显示器
350∶1
8+曝光挡

打印照片
32∶1
5曝光挡

非常低的动态范围

丹顶鹤、雪和冬雾的组合使光线产生了很强的漫射现象，将动态范围压缩至直方图范围的一半（正确的曝光可确保雪保持洁白的色彩）。

低动态范围

柬埔寨首都金边的一场瓢泼大雨和左图的冬雾类似，这种场景能够降低动态范围。其直方图左右两边均为空白。

一般的动态范围

在这张照片中，场景的动态范围配合了8位显示器的动态范围，直方图刚好填满，这意味着最暗处的阴影几乎为黑色，而高光处几乎为白色。

高动态范围

拥有光源的照片都被定义为高动态范围的照片，这张照片中的光源是能产生大面积反光的缅甸金佛塔。直方图反映了影调被挤压至直方图的左右两边。

动态范围

传感器上的光线

从结果上看，传感器似乎是胶片的固态版本。传感器和胶片有很多相似之处，所以自然而然地，相机厂商都在努力尝试让传感器拍摄的照片尽可能接近我们曾经熟悉的胶片照片（然而有意思的是，胶片照片的样子已经被很多人淡忘了）。二者对照片的处理方式截然不同，它们的特质也对拍摄产生了影响。

传感器对光线的反应方式完全不同于胶片，它们的特性会改变我们拍摄时的思路。

传感器是感光单元的矩阵，我们通常将感光单元比喻成一个个微小的井，每一个井里包含一个光电二极管，其通过获取电流来对照射在上面的光线进行反应。电流的大小和光电二极管的光子数量成正比，从零（无光子/黑色）到满（白色）。然后电流从传感器流动到数据传输通道进行处理。从曝光的角度来看，能完成这一处理的重要原因在于感光单元（我们所谓的"井"）是以线性的方式逐步填满传感器的。当传感器填满的时候，它就不提供白色之外的信息了。现在我们将它和胶片进行对比，胶片对光线的反应不是以线性的方式进行的，曝光的时间越长，它的反应会越慢，也就是说本来一张可能曝光过度的数码照片，在胶片上不一定会呈现如此差的效果。

右侧的图表展现了胶片和传感器的区别，其中包括了胶片特有的S形反应曲线。就高光而言，逐渐减缓的曝光反应（"肩部"）对保留清晰的高光细节提供了有效帮助。数码摄影缺少这种对曝光过度的保护措施。同样的情况也发生在阴影部分。胶片拥有一个"趾"（一个平缓的滑坡，用其来保留阴影细节，而传感器则无法做到。从观众的心理来看，丢失阴影细节的影响并不会像高光细节的缺损那么严重。我们对于数码摄影曝光过度或者不足的情况所使用的术语为"溢出"，只需要看一下直方图我们就能清楚地理解这个概念。在一张曝光过度的数码照片中，一定数量的感光单元返回的信息是纯白的

传感器和胶片对光线的反应

在这张特性曲线图中，纵轴代表图像的亮度，横轴代表光线的亮度。中间调就像我们所想象的那样成一条直线，即光线亮度的增加会让图像亮度等比例增加。这是一种线性反应，胶片和传感器在中间调范围内具有同样的特点。

它们主要的区别是：传感器（虚线）会在阴影和高光两侧继续以线性的方式延长；而胶片（黄线）在阴影和高光两侧对光线的反应会变慢，形成特性曲线上很典型的"趾"和"肩"部。这意味着相较于传感器，胶片对曝光过度或不足拥有更好的宽容性。

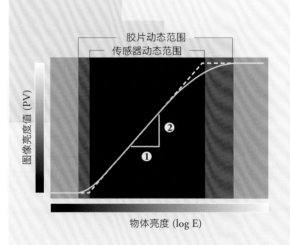

1 △ Log E 代表原始物体本来的亮度　　2 △ 图像像素值代表最终图像的亮度

像素点（在直方图最右边的影调是"溢出"的）。同样的情况也会发生在直方图的左边，即阴影一段。

通过不断的研究和技术的发展，这一问题逐渐得到了解决。例如，富士相机在每一个感光单元上使用两个较小的光电二极管，用来处理亮度极高的信息。用其拍摄更高数位的照片，如12位的RAW格式而非8位的TIFF或JPEG格式（或者更好的方法是使用更高端的14位传感器），也能提高照片的动态范围。无论如何，在高对比度环境下拍摄照片时的基本预防措施是保留高光细节，很多高档相机在显示设定中可以选择的溢出警报功能也是很好的参考工具。

液晶屏幕上的报警

大多数数码相机可以使用的一个很有效的显示工具是直方图。溢出的区域在直方图上明显可见，并堆积在直方图的右侧边缘。一些相机还可以在曝光过度的区域显示闪烁的高光溢出警报，请看下图中的示例（还可以在第38页看到类似的例子）。

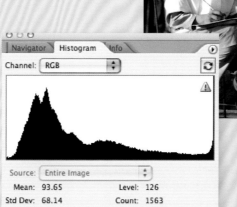

传感器的非线性反应

我模拟了线性反应和非线性反应的对比效果。左边的图为非线性，用胶片的处理方式保留了头巾上的高光细节，而右边的图为线性，用数码的处理方式则完全丢掉了高光细节。其实这张照片是通过高数位的RAW格式拍摄的，能够避免溢出，并且可以通过数码方式进行转化。

直方图

查看照片的直方图可以快速发现曝光过度的高光区域。直方图最右侧的细长部分说明照片中有大范围的白色出现，这是照片中一些细节溢出的确切信号。

非线性

线性

位深度和光线

位深度会直接影响传感器记录亮度及色彩间细微差别的准确性，并会影响后期制作中的图片质量。

数码摄影的显著特点是所有影调和色彩都是在一个特定范围内的离散数值。这些影调在照片里的精妙程度和准确性取决于影调范围被划分的层数，这叫作位深度。这个范围的一端是纯黑色，另一端是纯白色，绝大部分数码相机拍摄的照片在屏幕上显示时，使用的都是"8位色彩"。一个位（二进制数字的简称）只有两种可能，即开或关，这也是计算的基本单位。8位可以储存从0到255（即2的8次方）之间的一个数字，或从黑到白的256个值。因为数码摄影的色彩是通过传感器上由红绿蓝三色组成的矩阵记录，并通过插值计算而成的，那么这256个值就是从3个色彩通道中的每一个通道所获得的。将它们全部相乘（256 × 256 × 256）以后我们就得到了大约1670万个可能获得的色彩值，这远远超出了人眼对色彩的辨别能力。

虽然这些色彩值看起来可能足够多了，但是拍摄的照片还是会有色彩断层的可能，显示的结果为色彩在正常情况下的渐变。例如，使用超广角镜头拍摄的蓝色天空会显示从地平线附近的浅蓝色到天空中深蓝色的渐变。但是，当明暗之间的差别很小，却覆盖了画面中很大部分的时候，渲染天空部分所使用的色彩就只有几十种，而不是全部范围内的1670万种。此外，在后期制作中对照片进行过多的修改，例如对整体亮度的提高，或者对对比度进行修改，都会让这种效果变得更加明显。

提高位深度可以极大限度地改善这种情况，数字就是最好的证明。数码相机都增加了一种叫作"RAW"的拍摄格式，每一个色彩通道都有14位位深度（虽然计算机通常都因为自身的原因而将位深度算成16位）。每个通道从256色提高到65536色以后，传感器就能生成281万亿种色彩。如此巨大的色彩数据就能够避免最微小的细节受到色彩断层的影响。

第1章
光线和相机

8位和16位的后期制作

我在此处故意使用如此极端的后期制作方式，目的就是展现每个色彩通道16位数据的重要性。这张照片展示的是一座位于法国卢瓦尔河谷的教堂的彩色玻璃。我首先使用了一个效果很强的曲线调整图层，然后通过反向调整尽可能将其修复为接近原图的效果。我运用8位和16位两种方式进行了同样的后期制作，最终8位版本图像对应的直方图出现了很多锯齿，说明其丢失了很多影调和色彩信息。

8位

16位

渐变断层

在处理8位照片时，细腻色彩渐变造成的色彩断层是所有负面效果中比较严重的一种，对摄影来说，这通常发生在天空的画面中。在下面这张照片中，我们可以看到一棵在沙尘暴尾声中矗立的非洲猴面包树，8位和16位照片则在很大程度上提高了对比度。将这两张照片打印在光面纸上之后，它们的区别显而易见，但是当我们看到直方图上的高光和阴影区域被严重挤压时，断层的证据就更加明显了。这种负面效果对照片的伤害并不严重，但是我们也需要规避。

8位

16位

曲线调整图层

使用效果很强的曲线调整图层后，阴影会变暗而高光会变亮，这会提高太阳周围中间调区域的对比度。

原始照片

照片的高光区域主要包括一片影调比较均匀的天空，这是渐变断层风险比较高的区域。

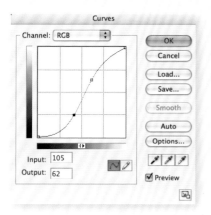

结果

最终，因为直方图的滑块被紧紧地推到了一起，所以原图中的影调只剩下很窄的一小段。但是16位照片中还是会拥有更多的细节。

位深度的计量

在传统意义上，我们讨论的是每个色彩通道的位深度，但是一些相机制造商会提供照片的总位深度，这时我们就会感到困惑。当我们考虑红、绿、蓝3个通道的时候，8位会产生总共24位色彩，同理10位会产生总共30位色彩，12位会产生总共36位色彩。在高动态范围照片中（参考第128～139页），照片通常处理为每通道32位色彩，这是不是更搞不清楚了？

每通道位深度	照片总位深度
8位	24位
10位	30位
12位	36位
14位	42位
16位	48位
32位	96位

光线的色彩

光线包含了色彩的概念，除非我们需要定义"无色光线"并且在拍摄时刻意创造。我们可以通过选择光源或者添加滤镜来改变进入镜头的光线的色彩，并且可以对相机传感器收集的数据进行更复杂的选择性调整。但是在这之前，我们必须先了解色彩，并知道如何测量色彩。

我们所谓的色彩，其实是光学信息的复杂混合及我们的眼睛和大脑对其解译的方法。

色彩其实是一种很复杂的现象，这种现象一方面取决于光源发射的和物体表面反射的光线的波长，另一方面还会受到我们感知的影响。对色彩的判断是完全主观的，而我们的一些判断也会对摄影产生影响，例如它们是否优美或者是否准确等。摄影中的色彩管理，尤其是作为处理光源的第一步，和感知心理学有着密不可分的关系。其中最重要的前提就是，我们将所看到的光线作为标准，即标准的无色"白光"。所谓"白光"，即白天大多数时间里日光的色彩，这种光线的色彩在太阳到达地平线上20°以后（也就是在中纬度地

区每天上午8点至下午4点的时段）就会比较稳定。

在这种情况下，"白光"其实是自我定义的，就像"光"的定义一样。理论上讲，光是电磁波谱中人眼可视的部分，其波长在400nm～700nm之间，也就是说其波长范围在红外线之下，紫外线之上。我们可以在下图中看到，电磁波谱的完整范围更广，从短波长的宇宙射线和伽马射线，到长波长的无线电波都覆盖在内。在人眼可视部分这一狭小的波长范围内，我们通过视觉皮层将每个单一的波长定义为不同的色彩，即光谱色。将它们整合在一起，就能形成"白光"。

在测量和调整光线的色彩时会出现很多问题，其中很多问题的根源都在于我们的肉眼无法在混合的色彩中辨别单一的色彩。考虑到我们视觉极高的准确性，我们对视觉的依赖，甚至从感知到的声音和味道中我们都能够辨别其成分，这一点看起来就有点荒谬了。此外，我们用于区分波长和色彩的感知器官其实位于视网膜内，以视锥的形式来感应红色、蓝色和绿色。

光谱、光线和色彩

光线是电磁波谱中我们肉眼可以辨认的部分。短波长也可以通过我们的身体来感知，因为短波长会穿过我们的身体组织并对其造成伤害，但是长波长因为其能量不足则不会造成这种情况。

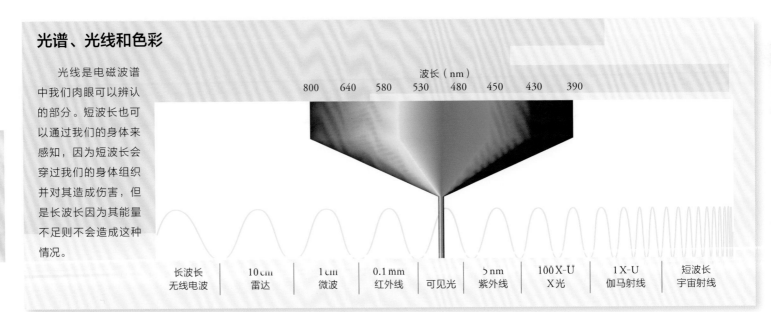

波长（nm）							
800	640	580	530	480	450	430	390

长波长 无线电波	10cm 雷达	1cm 微波	0.1mm 红外线	可见光	5nm 紫外线	100X-U X光	1X-U 伽马射线	短波长 宇宙射线

非连续光谱

大部分蒸气放电灯在肉眼看来都近乎白色，如果有偏色一般都会偏蓝（但是钠蒸气路灯一般偏橙色）。不论如何，拍摄这些光源的时候，我们常会遇到不可预测的绿色或者蓝色偏色效果，这种偏色效果可能会带来惊喜，使画面产生比较壮观的效果。例如，这架SR-71黑鸟战斗机机腹下面的绿色光线和背景中的日落就产生了很好的撞色效果。

过滤的光线

不论是大气，还是像照片中新墨西哥州普韦布洛的传统云母窗户这样的半透明物质，光线的色彩都会根据其穿透的材料而发生变化。

但是不论如何，从视觉感官来说，我们的眼睛和大脑是拥有极强的适应能力的。我们的眼睛和大脑能够对光线和一些色彩的亮度进行调整，这种调整会让不同的光线在视觉上没有不同。但是摄影就需要应对这些变化。本书中所有对色彩的调整，不论是使用光源或滤镜，还是对数据的处理，我们所需要达到的目的都是模仿"正常的"光线，或者至少是将这一步骤作为其他所有工作的前提条件。在

谈论到我们的视觉皮层如何根据光线进行调整，以及阐述我们的视觉感官和拍摄照片的区别的时候，最重要的例子是非白炽光光源，如荧光灯、钠蒸气灯和汞蒸气灯等。这些光源的光谱不连续，而我们的眼睛和大脑有能力填补这些间隙。但是，当我们使用数码相机或者胶片相机拍摄照片的时候，结果就会和我们的视觉感官有一定的区别，甚至经常会出现严重的偏色。

眼睛的色彩感知

色彩感知取决于人眼对三原色的敏感度。人眼视网膜中密密麻麻的视锥分别对红色、蓝色和绿色敏感。对红色敏感的视锥的反应峰值其实为黄色，因此我们眼睛的敏感度最高的色彩为黄-绿色。但是，我们的暗视觉（视杆，对色彩不敏感，但是对暗光极为敏感）的反应峰值为蓝-绿色，这就使我们的视觉达到了整体上的平衡。

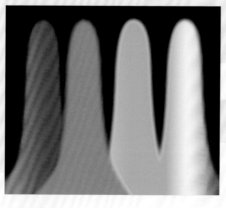

组合的感知

将我们的3种视锥和暗视觉视杆组合，就形成了色彩视觉的平均分配（但是如果没有了视杆，绿色就会成为最为偏重的色彩）。

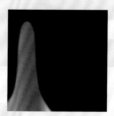

蓝色敏感视锥

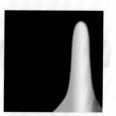

红色敏感视锥

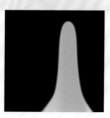

绿色敏感视锥

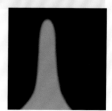

蓝-绿色偏重视杆

光线的色彩

真实色温和相关色温

色温是为了测量光源色彩相对于白色的偏差量而发明的，它将色彩与燃烧物体（即炽热物体）的温度相关联，这样说是有道理的，我们日常生活中的一部分光源都是炽热物体：太阳、蜡烛、钨丝灯及传统的摄影用长明灯。当温度相对较低或者光线较暗的时候，光源发出的光线偏向于橙红色。物体燃烧的温度越高，光线中的红色就越少，光源就能发射出更多高能量（蓝色和紫色）的电磁波。就像我们之前提到的太阳，发出的就是白色光，温度更高的星球会发出偏蓝色的光线，我们也有一张色温表，其展示了光线从红色到蓝色的色温变化，而色温表的中央则为白色。

分析和修正光线的"白度"的主要方法是基于炽热光源和色彩之间的关系。

在实际情况中，燃烧的物体也会有其他现象，如氧化、气化和产生火焰，这些都会对色彩产生影响。色温表是根据理论上的惰性且不反光的"黑体"的色温计算而来的。色温表中可以用于摄影的最低值，也就是红色最多的光线，是色温低于2000K的闪烁的烛光，而午间日光的色温大约为5200K。晴朗天气下的日光的实际色温值要更高，因为要考虑到蓝天的因素。

实际上，影响日光色温的两个主要因素为蓝天（北极光），以及在日出和日落时分将太阳变成红色的接近地平线的大气。在蓝天下，阴影会带有非常蓝的色彩，其原因是大气对短波长的反射。散射通常也是黄色、橙色和红色的太阳出现的原因，因为更短、更蓝的波长被散射后，偏红色的波长会留在大气中。这些造成色彩偏移的原因和光源本身的色温没有任何关系，但是它们符合我们看到的色温表。此外，越来越多的光源并非炽热光源，因此就不能简单地将其归纳进这个合理的方案之中。荧光灯和蒸气放电灯都有缺损的光谱，它们所产生的偏色也不在蓝色-橙色的标尺之上。

我们有两种实际的方法来处理那些非炽热光源。其一是"相关色温"，即使用一个接近值来对照色温表。其二是数码解决方案，即通过将红-绿色相与色温结合，来达到平衡光谱的目的。

色温的实际运用表

对于摄影而言，需要计算的重要光源的白平衡范围介于钨丝灯和蓝天之间。想要达到极高的准确性是很困难的，尤其是日光，因为天气和天空的变化会对其产生极大的影响。而且我们对于日光的构成也存在着很多不同的见解。

开尔文（K）	迈尔德	自然光源	人造光源
10000	56	蓝天	
7500	128	蓝天下的阴影	
7000	135	多云天空下的阴影	
6500	147	阴影中的日光	
6000	167	阴天	电子闪光灯
5200	182	平均的中午日光	闪光灯灯泡
5000	200		
4500	222	下午日光	荧光"日光"
4000	286		荧光"暖光"
3500		清晨/夜晚日光	摄影泛光灯（3400K）
3000	333	日落	摄影灯/影棚钨丝灯（3200K）
2500	400		室内钨丝灯
1930	518	烛光	

黑体辐射和绝对零度

　　黑体这种虚构的材料没有任何反光特性和杂质，加热到任何温度也不会分解。它仅仅能够发射出可以预测色彩的光线，而该现象从绝对零度（约为-273℃）开始。开尔文和摄氏度一样是测量温度的单位，只不过它以绝对零度作为测量的零点。从开尔文为单位的温度值中主要的摄影相关数值为3200K（钨丝灯）、5200K（"纯"午间日光）和570K（北半球夏日的日光）。请注意，摄影灯灯丝并不一定以3200K的温度进行"燃烧"，它所发出的光线的色彩和黑体在3200K时预测的色彩一致。

炽热物体
金的熔点约为1064℃，约等于1337K，右侧照片里的小型实验室熔炉中正有坩埚装满了这种贵重金属，其展示的色彩就和这个温度值有关。

迈尔德

　　如今，所有的色彩校正和补偿基本都以数字的方式进行，或通过相机设置（请参考第36页）或者后期调整（请参考第80页）的方式进行，滤镜在拍摄时的使用次数已经比以往少了许多。不论怎样，它们作为平衡不同光源色温的手段依旧有很大的意义，如3200K的白炽光与日光。迈尔德（微倒度）是一个测量系统，无论色温如何变化，它都可以通过指定一个恒定的位移值来轻松计算所需的滤镜。迈尔德数值可以通过用100万除以开尔文数值来获得。因此，如果要将3200K的灯光转换成5700K的日光就需要一个137迈尔德的滤镜，反之亦然：为127迈尔德（3200K是313迈尔德，1000000÷3200，而5700K是175迈尔德，1000000÷5700）。方便的是，迈尔德可以进行加减，这样就可以直接添加或者减少滤镜了。

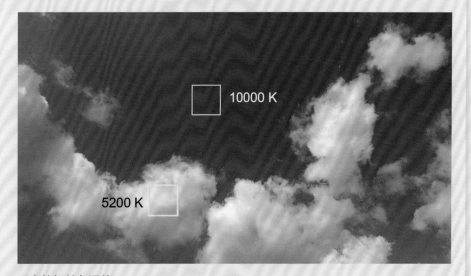

10000 K

5200 K

天空的相关色温值
晴朗天空的色温并不高，它是因为短波长的散射而产生的，因此严格意义上来说它不符合色温表，但是却很接近，并因为对摄影的作用而拥有一个相关值。天空中的云会反射日光，因此在中午的时候是白色的。

真实色温和相关色温

21

测量光线

我们有两种不同的方法来准确测量光线：一是测量照射在场景上的光线（注：入射光），二是测量场景反射的光线（注：反射光）。数码相机使用的是第二种测光方法，也被称为直读法，测光是直接在拍摄区域进行的，因此更加简单。对于大多数物体和场景而言，这种测光方法是完美而准确的；毕竟它获取的是我们通过取景器所看到，并且想拍摄到的物体的亮度。问题通常出现于场景对比度过大，以及物体的表面很亮或者很暗的情况下。这时我们就需要对曝光做出一些选择，选择自动化测光显然是有一些困难的。

相机的测光表使用很多复杂的系统来设定曝光值，测光时会考虑场景的亮度和光线的分布情况。

第一种测光方法只对光线本身进行测量，也被称为入射光测光。其中一种入射光测光方法是用相机对准一个反射率为平均反射率的标准表面进行测光，换句话说，即对准18%灰卡进行测光（请参考第118页）。另一种方法是在手持测光表（请参考第24页）的传感器上安装一个半透明的塑料测光球。不论哪种方法，测光都必须在场景中进行，或者至少在类似的光线环境下进行，但是这样对于现场拍摄和使用长焦镜头拍摄来说并不方便。因为这些原因，使用入射光测光最多的是在摄影棚中。抛开这些复杂的因素，入射光测光的最大优势是它会忽略那些扰乱相机反射光测光的物体表面（如白色的衬衣、雪、黑色的皮夹克等）。一些相机有入射光传感器，它的测光结果会被用到实际的计算中。

尼康 D2x
这台尼康的专业单镜头反光相机带有入射光传感器，会给处理器提供一些画面外的额外数据。

中央的圆形区域

很多相机可以让我们选择画面中进行光线分析的区域。例如，中央重点测光会忽略画面边缘的全部信息，直读法测光则完全取决于画面中显示的区域。

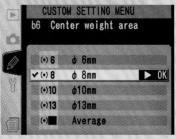

中心圆的截断

　　如果我们想知道中央重点区域边缘渐变的软硬程度，唯一实用的方法是移动相机，让取景器里的圆形边缘位于两个对比度很大的影调的交界处，然后要注意当圆形穿过交界线时曝光值的变化。

矩阵测光

　　矩阵测光还有许多其他名称，如多模式测光和多区域测光，它已经成为标准的测光模式，但是每个厂商使用的技术不尽相同。图中显示的测光模式为尼康D2x所使用。它会对每一个区域单独进行测光，最后得到的除了平均值，还有所有重要的高光值。例如右图中，所有的高光区域都用叹号标记了。最终的结果还会和计算机生成的图片类型模式进行对比。相机还可以将对焦信息和测光值相关联，让测光变得更加复杂，能够提示摄影师拍摄主体是什么。换句话说，如果测光区域刚好和对焦最清晰的区域重合，那么这个区域中的内容就应该拥有最准确的曝光值。但是在如右图所示的复杂照片中，这种测光方法还有一些局限。

中央重点测光

　　中央重点测光是参考水平构图的拍摄方法，它以一种模式将测光的权重偏向于画面的中心。请注意画面上方的狭长区域并没有被包括在测光范围内，这样做的原因是在拍摄户外照片时，天空一般会占据照片中的这一位置。

点测光

　　这种测光模式非常准确，它完全通过一个很小的圆形区域来测量曝光值。在下面这个例子中，圆形区域的直径为3mm，占据画面大概2%的区域。一般使用点测光的方法是将相机对准我们想要曝光的物体，半按快门来获取曝光值，然后持续半按快门并重新构图。有些相机自动将这个圆形区域与对焦区域的中央相关联，因此不需要进行重新构图。

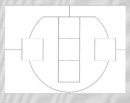

測量光線

23

测量光线

手持测光表

从获得最准确的曝光计算结果的角度来看，手持测光表依旧胜于其他任何设备。右图中的手持测光表除了可以进行直读法测光（就像相机内的测光表一样）以外，还可以进行小范围点测光、入射光测光和闪光灯测光。入射光测光时需使用一个乳白色的测光球，以测量照射在物体上的光线亮度，这和物体的反射率无关。一个比较常见的使用入射光测光的场景是雪景。而摄影棚的布光一般会比较复杂，这就让手持测光表成了一个极有用的配件。

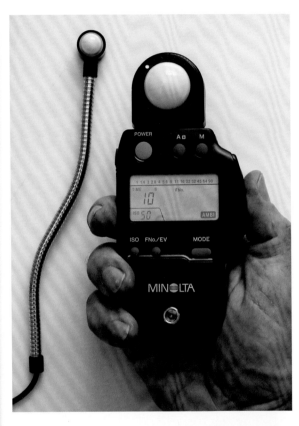

相机的测光模式有3种，这3种测光模式在高端测光表上都可以进行选择。最简单的是中央重点测光，在这个模式中，整个画面的光线都会被测量，但是测光的重点在画面中央。重点测光区域根据生产厂商的不同会有所区别，但是第22页上显示的边缘羽化的8mm圆形测光区域是最常见的。它会假设拍摄目标处于接近画面中央的位置。更常用也更复杂的测光模式为矩阵测光，它会把画面切分成一系列的区域。每一个区域都会进行测光，通过这些数值就能对光线的分布进行分析。此外，通过光线的分布就可以知道拍摄照片的类型，测光结果就会和已知的成功曝光设置进行比较。第三种测光模式为点测光，它允许我们对画面中的一个很小的区域进行完全准确的测光。例如，如果在一个大面积的黑暗背景之前有一个很重要的明亮目标，我们就可以

物体上的亮度

测量光线时使用的多种单位可能会让我们混淆，但是当我们想到光线的时候，最常见的单位是勒克斯(lux)。它是我们测量照射在物体上的光线时使用的单位，也就是每平方米1流明。我们也会使用英尺烛光，即距离烛光1英尺（约0.3米）以外的物体所获得的光线量，这大约为10勒克斯。流明（lm）是用来测量一个光源的可见亮度（或光通量）的标准单位，它考虑了我们的肉眼对以瓦特（Watt）为单位的光源辐射功率的敏感程度；换句话说，非可见光不在计算范围之内，它更偏重于那些我们清晰可见的光（峰值为黄-绿色，555nm）。

手持测光表
手持测光表一般会清晰显示出曝光值的数据（请看屏幕）。

完全忽略背景，对目标物体进行点测光，然后将相应的测光值应用于实际拍摄之中。

这些测光模式都不能完全替代我们的最终判断，最终的测光结果需要考虑画面中最重要部分的入射光和反射光的组合。如何定义一个"重要"的部分？只有摄影师自己才知道，因为每个人对同一个画面主体的看法都不尽相同。这可能是一个人，在某一个地方，某一个时间点发生的一件事情，或者甚至忽略画面中的物体，而专注于场景中层层叠叠的光线。相机在不寻求其他帮助下所能做出的近乎完美的决定，是通过对比很多已经拍摄的照片，寻找最适合当前画面的测光逻辑。事实上很多相机制造商就是这样做的。他们在一个不同光线条件类型的数据库中存储了很多已经被解决的优秀的曝光案例，这样就能对光线和阴影的分布提供一些线索。如果水平构图下画面上方1/3的部分明显比其他部分明亮，则这一部分很有可能是天空，而且画面中更重要的部分在下方。如果靠近画面中央的部分有一小

光线条件	基本的lux值	感光度ISO 100时的曝光值	感光度ISO 100时相机的大致设置	
正午直射日光	100000~130000	略高于EV 15	$^1/_{125}$ s	f/16
明亮朦胧的日光	大约20000	EV 13	$^1/_{125}$ s	f/8
明亮光线下的阴影	4000~5000	EV 11	$^1/_{125}$ s	f/4
多云	2000	EV 10	$^1/_{125}$ s	f/2.8
电视台直播间	1000	EV 9	$^1/_{60}$ s	f/2.8
室内办公室	200~400	EV 7~8	$^1/_{15}$ - $^1/_{30}$ s	f/2.8
阴暗多云	100	EV 5~6	$^1/_{4}$ - $^1/_{8}$ s	f/2.8
暮光	10	EV 2	2 s	f/2.8
较暗的暮光	1	EV -1.3	20 s	f/2.8
满月	0.1	EV -3	1 min	f/2.8
弦月	0.01	EV -5.5	6 min	f/2.8

块阴影，那么这很有可能是处于明亮背景之前的拍摄目标。

这一切其实都是见仁见智，完全取决于摄影师以可预见的方式对画面进行选择、构图和拍摄。如果我们的拍摄方式并不具有预见性（只有很少的摄影师认为自己的拍摄是有预见性的），那么这些自动化的数据可能就不太适用。幸运的是，我们仅需快速查看液晶屏幕就能知道曝光是否准确，但是这样也存在风险：如果曝光不满足我们的要求，我们所丧失的不仅是拍摄所耗费的时间，甚至是重新拍摄的机会。我建议大家都做好准备，快速切换测光模式，或者至少在需要的时候能够通过调整曝光补偿来增减曝光值。

最终，我们需要记住的是，不管影响测光的因素有多少，曝光值是如何计算的，我们得到的结果终究是一个由快门速度和光圈值组成的曝光设定。获得一个曝光值的方法很多，其中包括我们对曝光的估测。

勒克斯的简单介绍

严格来说，勒克斯和相机测光并不完全对应，因为勒克斯是对光源的测量，而且根据肉眼的敏感程度进行了调整。不论如何，从实践的角度来讲，我们可以使用相机内的测光表，通过对一张白卡进行测光，来得到场景内光线强度的大约值。我们要考虑到白卡对光线的散射及镜头吸收光线造成的光线的损失，当感光度ISO为100时，我们可以使用的大致计算方式为 lux = 2.5×2^{EV}（最后一部分为以曝光值为指数进行计算）。举例来说，如果我们获得的测光值为快门速度 $^1/_{125}$ s，光圈 f/8，感光度ISO 100，也就是春天比较明亮的白天的室外阴影部分的曝光值为13，那么这个公式就会变成 2.5×2^{13}，也就是 2.5×8192 或者20480。如果感光度ISO为100，通过勒克斯来计算曝光值（EV）的公式为

$$EV = \frac{\log (lux \div 2.5)}{\log 2}。$$

lux = 2.5^{EV}：一个粗略但有效的近似值。

曝光值

曝光值也被称为EV，这个系统的设计是为了让手动曝光的设置更简单，因此被使用在手持测光表中。它是在结合相机上的两个变量——光圈和快门速度，并默认感光度ISO为100的情况下进行计算获得的。因此，EV 0是快门速度1s，光圈 f/1。EV 15一般是一个明亮的晴天，快门速度 $^1/_{125}$ s，光圈 f/16；或快门速度 $^1/_{60}$ s，光圈 f/22；抑或快门速度 $^1/_{250}$ s，光圈 f/8。

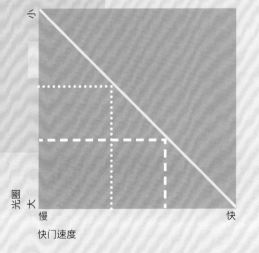

光圈大

慢　快门速度　快

测量光线

不同光线类型的照片

　　我们可以通过光线和阴影的分布来划分不同类型的照片，这种方法会影响曝光设定。照片的整体对比度对于摄影来说尤为重要，而在数码摄影范畴内我们更加需要注意对其的控制，一部分原因是传感器的线性反应（请参考第14页）所带来的高光和阴影的溢出是一种特殊的危险因素，另一部分原因是我们可以在后期制作中进行很多调整和改变。换句话说，就是问题与机遇并存。因此，3种主要的对比度类型：平均对比度、低对比度和高对比度。在它们之下还有子类别。我之所以使用"整体对比度"的概念是因为画面中影调变化的程度是我们必须要考虑的内容。大面积区域的对比度相比小面积区域的对比度更需要额外的细心处理。在平均对比度下，我们可以获得一张整体影调都很平均的照片，但是在画面的某些部位会存在高对比度。更明显的是，曝光和拍摄主体直接相关，对此的定义也因人而异。例如，两个摄影师对同一个场景进行拍摄，但是其中一个摄影师拍摄的可能是直观的场景，另一个摄影师可能通过光影进行抽象的表达。

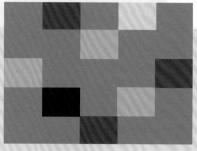

主影调平均分布

这个例子可以作为上一个例子的变形。照片中有一个主体，且影调平均，但是主体周围的部分（如图中的花朵和藤茎）可能会有更高的对比度。直方图依然集中在中间，和上图一样，但是更加集中。如此集中的直方图通常代表着好的曝光效果。

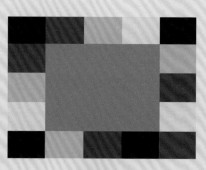

影调平均分布

画面中没有突出的影调，虽然画面的局部可能会有高对比度，但是照片整体的曝光会让我们满意。直方图基本集中在中间区域并覆盖了直方图横轴的大部区域，因此看起来面积很大。请注意明亮区域的面积十分小，所以如果其中的一些局部曝光过度并不会对整体产生过多的影响（但是请参考第30页上的"小的明亮主体，深色背景"的例子，以及它们的限制）。

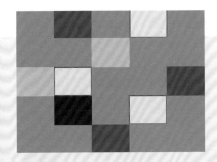

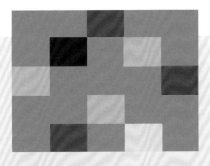

测量光线

主影调较暗

画面中的重要区域相比平均影调较暗，但是在曝光比较平均的时候不会溢出。在这个例子中，很明显两只蜘蛛是拍摄主体，因此我们需要保留一定的细节。在直方图中，它们的影调被标了出来。

主影调较亮

画面中的重要区域比较明亮，但是在曝光比较平均的时候不会溢出。但是不论如何，我们都必须对曝光进行检查。在这个例子中，照片的整体影调偏暗，但是整体影调并不重要，因为玫瑰花才是画面的主体，而它们本身就比较明亮（在直方图中标记了高光区域）。

27

低对比度

在这个例子中，影调的范围是有限的，直方图中显示影调集中在一起。在后期制作的过程中，使用自动色阶会让直方图中的黑色点和白色点更宽，将影调扩展至直方图的全部范围，这样就会增强对比度。显然，这样做会让照片看起来更有美感，但是很多场景又需要保持较低的对比度，如本页的这幅雾中美景。

平均对比度

影调的范围在直方图中央，所以直方图的最左和最右两侧都是空白的。从传统的角度来看，如果忽略照片中的拍摄对象，那么这样的画面效果是需要调整的。而当使用自动色阶的时候，低对比度的照片就会像上图一样产生比较显著的变化。但是，像照片中这种被真月迷雾笼罩的湖水的景色，最好还是保持较低的对比度。

高影调照片

照片的影调明显偏亮。这张照片中的一叠牛皮纸需要保持白色，而且直方图十分狭窄。原图（即上图）使用自动色阶后形成了一幅完全不同的画面，虽然效果也不错，但是对比度过高了，而且也不再是一张高影调照片了。

低影调照片

照片的影调明显偏暗，直方图右侧完全空白。我们需要考虑这张照片的拍摄理由。在这个例子中，我们可以看到一个村落在暮光下的景色。我们当然可以将对比度进行一定程度的提高，就向最上方通过自动色阶修改后的照片那样，但是如果对这样的场景进行提亮可能就不太适合，因为这会很难展现拍摄场景的时间。

测量光线

高对比度

曝光中产生的绝大多数问题都和高对比度的照明环境有关。除非我们使用诸如高动态范围图像或者高光/阴影混合等特殊手段，不然一些影调就会溢出。如果使用通常的数码摄影手段对高光进行曝光，那我们就会丢失阴影的细节。

明亮主体，深色背景

"主体"的定义取决于摄影师，曝光也需要根据主体的不同而进行调整（我们有足够的理由使主体的影调较为明亮，而非过于平衡）。在这张照片中，透过街道的阴影可以看到一座位于哥伦比亚卡塔赫纳的教堂（位于直方图中的高光区域），画面中的阳台可以完全忽略，因为它们作为剪影，在构图中有重要的作用。

影调平均分布

画面中没有突出的影调，请注意这个例子和第28页中的"平均对比度"例子的区别。在这张照片中，我们可以看到午后明亮的阳光洒进泰国的一个村庄的商铺里，阴影和高光的细节都保留得很好。此照片的动态范围很高，因此平衡曝光会造成影调溢出，除非使用特殊的HDR技术进行处理。

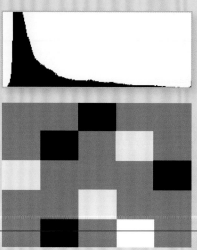

小的明亮主体，深色背景

当照片的拍摄主体比例很小但依旧十分重要的时候，我们就更可能选择曝光过度。这种情况更需要我们用心处理。在这张照片中，一个香水工厂的检查员在查看一包一包的苔藓，他穿着的白色长袍属于高光的范围。类似这样的照片很容易让我们丢掉高光的细节，在不造成照片整体过暗的前提下，我们最好对细节进行保留。

轮廓被照亮的主体，深色背景

我们可以允许一些特殊的"小体积明亮物体"的边缘处的高光有一定的溢出。比较安全的拍摄措施是通过曝光包围进行拍摄并在之后进行查看。对曝光进行判断的精准程度能够通过直方图显示，这两位女士头发的轮廓光是成功拍摄这张照片的重要因素。在直方图中，它们的影调被标了出来。

小的深色主体，明亮背景

这是"深色主体"的变形，和剪影的情况（见下面的例子）类似，但是在阴影部分通常需要一些看得见的影调。在这张照片中，拍摄主体是尼罗河上的一条小船，在直方图中，它的影调位于左侧被标记出来的一小部分，处于这个位置说明它还保留着一些细节，而这也是正确的处理方法。

深色主体，明亮背景

这个例子是与"明亮主体，深色背景"相反的实例，我们对曝光的选择需要针对比平均曝光更暗的区域。在这张照片中，拍摄主体为被照亮的白色背景前的珠宝首饰，深色宝石的影调在直方图中被标了出来。

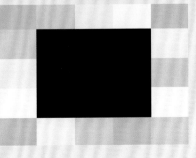

剪影

这是"深色主体，明亮背景"这个例子的特殊情况，主体的轮廓成了主要对象，而阴影的细节一般都被舍弃。在直方图中，我们逆光拍摄的这些在休憩的鹳的影调完全集中在了最左边，因此我们看不到任何细节。这张照片具有很强的主体与背景关系。

测量光线

直方图

在我们有一定的经验以后，对直方图的快速查看不仅可以告诉我们曝光是否准确，还可以帮助我们判断照片大致的呈现方式。

很多摄影师在拍摄的时候都会充分利用相机直方图的功能。就算是最好的相机，其液晶屏幕也会有一定的局限，因此直方图是对所拍摄场景的光线最客观的反映。

事实上，如果没有直方图，我们在查看照片的时候就会遇到两种风险。首先，我们查看照片的角度会影响其整体亮度的呈现方式，因此我们很难确定看到的色彩的准确性。其次，环境光会影响我们的判断；例如，在强烈的日光下，一张正确曝光的照片会看起来曝光不足。

直方图其实是柱状图的一种形式，它绘制了照片中出现的亮度的值，左侧为黑色，右侧为白色。每一个狭窄的柱体通过不同的高度来代表同样亮度的像素的总量。这几页的例子通过一定的修改来说明每张照片中的特定部分是如何在直方图中呈现的。熟悉了直方图以后，分析直方图就会成为我们的直觉，这也是一个很好的习惯。

作为呈现亮度的一种图表，直方图是显示照片中影调范围的最基本的方式，所有的高端数码相机都可以显示直方图。

一张照片，不同曝光

这一系列的例子展示了同一张照片在曝光不足、曝光正常和曝光过度的情况下的直方图的区别。请注意直方图从左侧移动到右侧，以及曝光不足和曝光过度的直方图两侧的溢出。像素值在直方图最左侧（阴影）和最右侧（高光）堆积表明信息丢失了。

如何将图像和场景转译成直方图

有些图像相比其他图像更容易与直方图进行对应（最简单的是影调和色彩能够独立区分的图像），能够以这种方式"解读"直方图是一项有用的技能。峰值一般都是画面中最明显的部分，就像救生圈被阳光照亮的部分。但是直方图中的很多大块其实是不同平均值范围的集合。色彩通道的直方图可以用来帮助区分不同的区域，在这个例子中，蓝色通道里最明显的部分是照片里淡蓝色的天空。

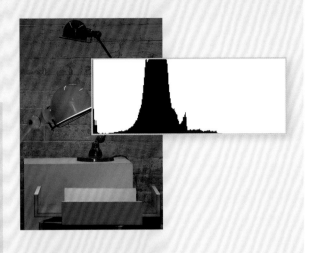

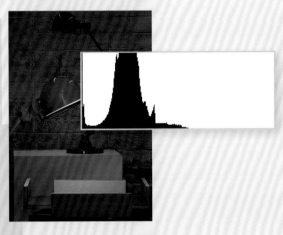

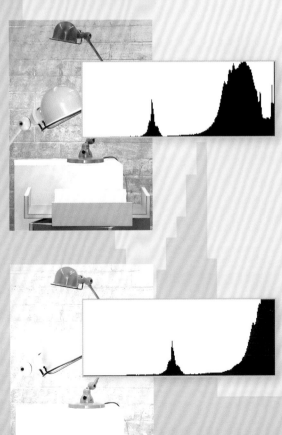

不同阶段的直方图

　　理论上来说，不论是通过相机还是计算机上的软件查看直方图，它都应该呈现同样的内容。下面这个例子显示了使用尼康D2x拍摄时，从生产厂商的拍摄软件，到Photoshop CS2中直方图的不同显示窗口。

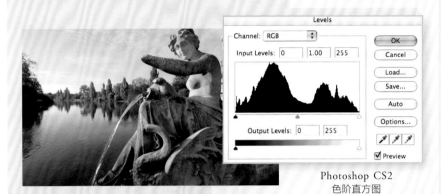

Photoshop CS2
色阶直方图

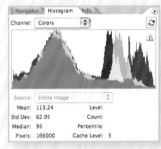

相机液晶屏幕上的叠加直方图

尼康Capture图片编辑器的RGB直方图

Photoshop CS2
色彩直方图

尼康Capture图片
编辑器的主亮度直方图

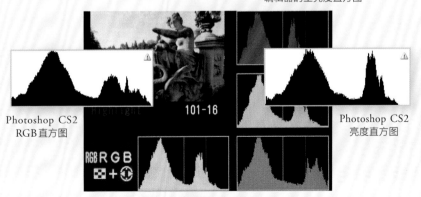

Photoshop CS2
RGB直方图

Photoshop CS2
亮度直方图

相机液晶屏幕上的多通道直方图

直
方
图

33

改变感光度

使用数码相机进行拍摄的一大优势是感光度可以及时改变，这就能够让我们在任何情况下切换到最合适的设置。从明亮的日光环境到阴暗的室内环境只需要调整一下菜单设置。使用胶片相机的时候，能够达到同样目的的方法是携带第二台装着高感光胶片的相机，或在同一台相机里面切换不同的底片。这两种方法都需要进行一定的准备和计划。而数码相机感光度的改变能够应对更多拍摄环境，不会让我们犹豫不决。

有效使用相机内的感光度设置能够让我们根据光线的变化进行相应的调整，以避免不必要的噪点。

而这种情况也产生了一个问题：我们为什么不一直用高感光度进行拍摄呢？原因是噪点多。噪点会随着感光度的升高而增多，这种现象并不能被我们接受。从表面来看，噪点类似胶片的颗粒，但是最主要的区别是胶片颗粒是画面结构的一部分，并且其紧凑的结构也受到了很多人的喜爱，但是数码噪点就没有这样的特性。一个比较接近的比喻是音乐的静态"嘶嘶"声，因为数码噪点是静电电荷造成的现象。噪点会根据其实际的发生原因而产生区别，但是大多是随机分布的亮点和多种色彩像素。

从效果的角度来看，噪点分为亮度噪点（黑白的随机分布）和色度噪点（像素的色相不同），独立残留像素（明亮的点）和JPEG伪像（由8个像素组成的块，有时十分突兀）。噪点在缺乏细节的暗调区域和中间调区域最容易看到。在十分暗的阴影区域和极亮的高光区域，因为影调范围很小，所以噪点不明显，而且锐度极高、细节极其丰富（如被光线照亮的树叶）的画面部分能遮盖噪点。对噪点进行分析和处理的一个重要原则是，当我们在像素的层面上看噪点的时候，噪点就是细节。在很多情况下，只有我们的肉眼能够区分噪点和细节，这也是让降噪处理变得困难的原因之一。我们需要着重考虑的

一点是，锐化会使噪点的效果放大，由于正常的后期流程是在打印之前才进行锐化处理，所以这经常会产生不尽如人意的效果。

在暗光下有两个拍摄技巧，每一个都会产生一种特殊的噪点，针对它们有不同的处理方法。第一个技巧是使用较高的感光度，但是这会造成随机出现的亮度噪点和色度噪点，其出现的量和感光度的高低成一定的比例。大多数相机带有降噪功能，有时作为菜单选项出现，但是这会造成照片整体的柔化。在后期制作中，生产厂商自己的后期软件，或者独立销售的第三方图片编辑软件会提供降噪工具。一个不同的选择是使用高效的 Noise Ninja 软件，它使用不同的相机和感光度设置的配置文件来进行降噪。第二个技巧是使用三脚架进行长曝光拍摄，这个技巧适合风景和建筑等静止物体的拍摄。在这种情况下，我们可以使用较低的感光度，但是长曝光会产生固定噪点，这种情况可以通过拍摄黑场图像在相机内进行处理。大多数相机都提供这个选项，它的工作原理是在任何曝光值下噪点的模式都是一致的，这样就可以分析和去除噪点。

通过拨盘选择感光度

基于选择感光度的重要性，一些专业单反相机提供了不需要进入菜单就可以快速选择感光度的功能。如下图所示，按下相应的感光度按键以后，我们就可以通过控制拨盘改变感光度。

光线和噪点

噪点在照片上看起来像人为的斑点，它与相机捕捉的光线的量直接相关。噪点出现的原因和移除噪点的原理都非常复杂，而从实践的角度看，光线越少，噪点越多。噪点可分为拍摄噪点（光子和传感器的电子随机性所造成的不可避免的现象）以及读取噪点（这是传感器读取信息和影像处理器处理信息的方式造成的）。读取噪点包括影像处理器产生的放大器噪点，随着相机和传感器发热而变得更强的热噪点，以及在长曝光时因为像素处理不准确所产生的固定噪点（原因是传感器制造阶段存在缺陷）。下面的例子展示了噪点会在低感光度和正常曝光的情况下出现，原因是阴影部分的光照不足。

噪点可以在所有的照
片中出现

细节

后期减少噪点

Noise Ninja是独立于相机生产厂商的第三方软件，它基于配置文件和专有的小波理论技术。每一张照片降噪的半径和效果都需要我们通过肉眼进行相应的判断。

在相机内减少噪点

通过相机内的处理器可以减少大部分的噪点，尤其在拍摄长曝光照片时，这也是减少噪点的最好时机。

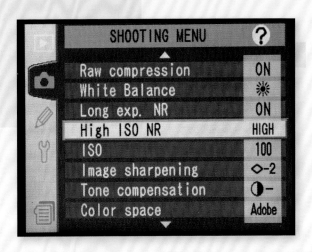

改变感光度

白平衡和色相

就像我们在第20~21页提到的，色温长期以来被摄影师用于偏色的中和，或者至少将色彩调整到眼睛可以接受的范围内。它之所以一直比较有效，是因为我们每天看到的不同的光线都属于或接近常规色温范围。近几年，人造光源，尤其是在大型室内空间内使用的光源，更多地开始偏向于常规色温范围以外。对这些光源的测量也已经融入了色温系统，并将它们称为"相对色温"。

相机的色彩控制是色温和色相调整的组合，它的设计目的是移除整体的偏色并实现中性的白色。

数码相机延续了使用色温进行工作的传统，除此以外还能使用另一种色彩校正方法来处理偏色情况。这个方法被称作白平衡，因为在任何一张照片中，白色是最容易被发现的色调，白色也最容易反映光源的色彩。将最亮的高光设置为白色，其他所有色彩都会相应地发生变化，这是一种用来中和偏色的很实际的手段。最常见的方法是选择使用菜单中的标准设置，如日光-阴影或者白炽灯，或者将白平衡设为自动，这时处理器会分析整体的偏色情况然后尝试对其进行中和（这类似于Photoshop中的自动色阶或自动曲线功能）。另一种更准确但是相对麻烦的方法是白平衡预设。使用这种方法的时候，我们首先需要在拍摄的光线环境下将相机对准一个中性灰或者白色物体的表面进行测光，这样会将白平衡设为中性，并将此设置进行存储以便未来使用。

所有方法中最简单也最灵活的，是当相机可以进行选择的时候使用RAW格式进行拍摄。RAW格式可以将原始数据和设置分别保存，而白平衡的选择是在设置内进行的，所以我们可以选择任意的白平衡设置（预设除外）。当我们在RAW编辑器内打开照片的时候，我们就可以使用提供的任何白平衡设置了。预设之所以不同，是因为它的计算发生在照片拍摄之时。自动白平衡也是如此，而且更不费功夫，因此很多人会争论是否在拍摄RAW格式照片的时候使用自动白平衡，以利用额外的拍摄现场白平衡计算结果。

然而就像之前讨论的内容一样，我们需要加入自己的主观判断。当我们看到一些不同种类的自然光和人造光时，观众的心理期待也是很重要的部分。最常见的情况就是日出和日落。将这个时段的橙色中和成白色将完全偏离观众对场景的期待。虽然通过肉眼对光线的适应和观察，每天这个时段的场景并不一定是橙色的，但是我们对"温暖"的日光保有印象。顺便一提，我们对日光的"冷暖"印象是完全合理的，但是和色温范围相矛盾的是，红色的色温比蓝色的要冷。城市夜景也会让人在印象中认为其拥有黄色到橙色的偏色，超市里的灯光带有偏绿色的色调，因此我们让照片带有些许偏色来还原场景的"真实面貌"是完全可以接受的。这自然是我们的主观判断所造成的结果。

相机菜单

色温的标准选择包括日光、多云和阴影，以及人造光源闪光灯、白炽灯和荧光灯（最后的是近似值）。这些通常都可以进行进一步微调。

选项	色温近似值	描述
自动	3000~8000K	白平衡自动调整
白炽灯	3000K	在白炽灯下使用
荧光灯	4200K	在荧光灯下使用
直射日光	5200K	被日光直射的物体使用
闪光灯	5400K	闪光灯照射下的物体使用
多云	6000K	在多云的日光下使用
阴影	8000K	白天处于阴影下的物体使用
选择色温	2500~10000K	从数值表中选择色温
白平衡预设		使用物体、光源或已拍摄照片作为白平衡参考

色相调整

除了白平衡以外，相机菜单还提供色相调整，它使用3°的增量，覆盖18°的范围，即色彩光谱的1/20。在这里，所有在RGB模式下可以生成的色彩按顺序排列在一个360°的圆形上。所以在增加红色色相的时候，色彩就会向黄色移动，而在减少红色色相的时候，色彩就会向紫色移动。我选择这个例子是因为照片中有一个中性元素（白色衣服）及一个基本的色相（沙子），也就是色环35°上被降低饱和度的值。下图是色相偏移10°后的结果。

白平衡和色温

大部分相机的白平衡选项，就像上一页的菜单一样是以色温为参考的。我们以纯日光为例，日光的色温值相对一致，为5200K，这一系列的照片展示了一些常见的白平衡的视觉效果。需要注意的是，菜单中显示的色温值是补偿后的色温。因此，比较极端的3200K是白炽光灯光的正确色温，相较于日光要更偏于橙色。

5200K——午间日光的白平衡

3200K——白炽灯灯光的白平衡

6000K——多云天的白平衡

4400K——低角度阳光的白平衡

8000K——蓝天下阴影里的白平衡

色环

在Photoshop中将色相减少10°

在Photoshop中将色相增加10°

曝光策略

考虑到本章中的所有信息，我们有必要为曝光和设置开发一个系统，同时避免拍摄过于复杂。当相机菜单中有如此多的选项时，我们很容易浪费宝贵的拍摄时间来调整设置。从这个角度来看，胶片相机就简单得多，因为它提供的选项少。除非一些特定的静物摄影，否则大多数人没有必要去尝试很多不同的设置。亮度、对比度和白平衡是曝光时的主要问题，如何快速统一地调整这些设置和拍摄的类别有很大的关系。而因为 RAW 格式需要大量的后期处理时间，很多人不一定喜欢使用这种格式，但是我们在后面的内容中就能看到，这种格式能提供额外的曝光宽容度。

预防措施之一就是尽可能地避免高光的溢出。丢失阴影细节和丢失白色相比，前者从视觉角度来看总是更容易被接受，因此略微的曝光不足是更好的选择。在相机液晶屏幕上出现的闪烁的高光溢出警报（通常）是对高光进行保护的措施。这是显示选项中的一项，最好默认将其打开。画面中曝光过度的区域会不停闪烁，拍摄后可快速查看。大多数相机制造商从安全角度考虑会将高光溢出警报设置为比 256 低 1～2 挡。使用 Photoshop 查看这些区域的实际值，可以让我们更加熟悉相机的功能。当我们需要快速拍摄，没有时间检查和重新拍摄时，一个方法就是将曝光模式设为自动，且将曝光补偿设为 -1/3 挡。

曝光包围是在一些不确定的光线环境下拍摄的保险手段。曝光包围是指略微调整曝光值并拍摄几张额外的照片，而通常的变量为 1/3 或 1/2 个曝光挡。一台高端数码单反相机会提供自动曝光包围连拍功能，这个功能可以设置变量（如 1/3、1/2 或 1 个光圈挡）和拍摄顺序（正常—降低—增加或降低—正常—增加），甚至还可以设置拍摄张数。包围还可以对闪光灯和白平衡使用。运用一系列不同的曝光进行拍摄不仅能获得"最佳"的版本，当场景有很高的对比度，且没有任何设置能够最好地满足拍摄需求的时候，它还是扩展动态范围（请参考第 130 页）的一种方法。

后期处理可以解决很多拍摄时产生的问题，属于曝光策略的一部分。曝光包围只是收集额外数据的一种方法。从某种意义上来说，任何自动设置都需要额外的数据，因为曝光的测量结果是直接从场

传感器的线性反应让我们在选择曝光设置的时候谨慎处理高光，但是我们有许多不同的特殊技巧可以对大范围的亮度信息进行捕捉。

高光溢出警报

高光溢出警报是防止曝光过度造成细节丢失的最有效且最快的指示方法之一，它通常在受影响的区域内以闪烁色调的方式呈现。这个例子中的警报是红色，其颜色会根据所使用的相机或图像处理软件的不同而变化。

拍摄原图

高光溢出警报

景中获得的。此外，我们要考虑在后期制作中能给我们更多选择的方法。例如，提高对比度比降低对比度要容易得多，而高对比度会增加溢出的风险，所以低对比度的相机设置是更安全的。

最安全的选择是使用RAW格式，主要有两个重要的原因。首先，诸如白平衡和对比度这样的变量，其实是相机传感器拍摄了原始数据后由处理器添加的设置。因为RAW格式允许我们直接处理原始数据，将拍摄时使用的设置分别存放，因此拍摄的时候我们可以不用选择白平衡和对比度。不论选择了什么设置，都可以在后期进行改变，而且不损失画面质量。其次，大部分能够使用RAW格式的相机会按照每通道14位进行拍摄，它的准确度比8位或12位要高很多。拍摄TIFF或者JPEG格式文件时丢失的数据会被RAW格式保留下来，以便Photoshop这样的16位编辑软件使用。更高的位深度意味着更高的动态范围，而如果传感器的质量够高，我们就能利用这个优势在后期制作中提高或降低实际的曝光值。RAW转换软件通常会提供正负2挡的曝光调整。但重要的是，我们要记住这些都只是潜在的可能性：一个14位的文件格式有能力记录更高的动态范围，但是传感器不一定有足够的能力进行捕捉。

使用RAW格式时曝光不足

请注意，高光溢出警报一般意味着需要降低整体的曝光值。这会给阴影部分带来一定的影响，除非拍摄动态范围更高的RAW文件。在这个例子中，原片看起来过暗，而且乍一看照片的层次过于平淡，但是在使用了这里显示的曲线调整图层（提升中间调，锁定高光和阴影）以后，照片的效果就有了显著的改善。和使用自动对比度拍摄的版本相比，图2中帐篷门口附近的高光已经丢失了细节。

1　使用自动对比度拍摄。整体看起来不错，但是帐篷门口的高光有溢出。

2　拍摄时为避免高光溢出而设置了最低的对比度。整体看起来曝光不足。

3　在RAW转换软件中使用曲线图层进行调整，影调更加平衡。

自动包围曝光

大部分相机支持用户自动拍摄连续多张不同曝光值的照片，这个菜单允许用户设置自动包围曝光的具体参数。

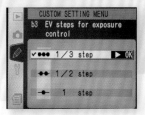

向下包围

直接自动包围

向上包围

曝光策略

39

第2章
日 光

摄影时默认的光线是日光，而我们也许把它想得过于理所当然，它定义了我们眼中的正常和自然。例如，最常见的照明场景是日光照射在一个物体（一张面孔、一栋建筑，或者任何其他的拍摄主体）的一侧，而它们另一侧被反射光照亮。这种看起来简单的光线条件实际上非常复杂，在影棚中复制日光的效果十分不易。除了亮度以外，被日光直射的部分和处于阴影中的部分的色温也有区别，即主光源为暖调和辅助光为冷调。这只是自然光的复杂性和视觉丰富性的一个小的例子。

这并不是我的第一本关于光线和灯光的书，但是在我看来，现在是采用一种截然不同的方法来讨论这个问题的最佳时机（至少是对这个庞大命题进行重新讨论的最佳时机）。也许和以往不同的是，我在尝试将本书的内容变得更加技术化。如果这样说让您觉得有点儿疑惑，请容我进行解释：对于灯光的讨论很容易变得模糊，我想尽量避免这种情况。摄影棚内的摄影师习惯于从技术的角度对光线进行考量，如设备类型、色彩平衡、漫射光，以及每种灯具配件的功能等，但是我基本没有看到过有人对自然光进行这种讨论。安塞尔·亚当斯（Ansel Adams）是研究自然光的大家之一；而他对光线细节的把控毫无疑问为成就他的作品的永恒魅力带来了巨大的帮助。对自然光众多组成部分的了解，从日光色温的变化，到云层的众多种类，会让我们在使用自然光拍照时变得更加得心应手。就像音乐一样，对技术细节的了解并不会带走我们享受它的乐趣。

一个光源，多种变量

我们把所有的摄影光线放入一个平台考虑，并用同样的模式对日光和摄影棚光进行分析处理。换句话说，就是把日光的照明场景看作一个巨大的摄影棚。从摄影的角度来看，天空是一个穹顶，而太阳是一个移动的点光源。穹顶作为一个半球体，可以产生柔和的漫射效果，也可以把穹顶看作一个远离太阳的蓝色的反光板。当然，不会有人把摄影棚的天花板和墙面漆成蓝色、灰色或者黑色。另一个主要的区别是，在摄影棚里我们可以对光源进行布置，而对于日光来说，我们唯一的选择是等待最佳的时机，等太阳移动到预计"布景"中的位置。

日光来自太阳，但是日光的质量和强度可能发生巨大的变化，这取决于太阳的位置、大气和天气情况。

加入云层后，我们就有了无限多的变化，其他不同的天气条件，如霾、雾、雨和雪，都会让光线的效果变得更加复杂。这就像在摄影棚里使用反光板、黑旗和滤镜对光线进行控制一样。想象一下，这就像使用单一光源的摄影棚，通过天气效果对灯光效果进行修饰，我们会对日光在摄影中的作用有更好的理解。数码摄影则拥有更大的优势，因为我们可以通过相机设置和后期软件对捕捉到的光线进行处理。

这里的核心问题在于太阳的移动，太阳在晴朗的天空中发挥绝对的主导作用，而在增加了云层、霾和雾的情况下作用逐渐变弱。而在每一次拍摄的背后，是摄影师对光线的最佳角度和柔和度的选择。如果我们能够对拍摄进行提前计划，那么这一切都会左右拍摄的效果。当然，如果我们不能决定拍摄的时间，例如拍摄一场活动，那么这一切都没有意义，我们只能在有限的条件下尽可能争取最好的效果。

风景、建筑，以及与前两者完全不同的人像摄影，通常都可以提前制订拍摄计划，而因为前两者为静止拍摄主体，因此太阳的高度和位置就是决定性因素。对于某些地点而言，我们不一定能有大量拍摄角度可

天空为影棚

我们可以把天空看作一个放在头顶上方的巨大的蓝色天幕，同时由浮动的柔光板和反光板（云和其他天气条件）进行修饰。太阳作为一个单一的点光源，沿着一个预定的轨道在这个天幕上移动着，在接近地平线的时候，光线的颜色逐渐变黄、变橙。这样比喻可以让日光不断变化的情况更容易被理解并应用于实践。

被过滤的日光
西伯利亚的夜晚场景展现了大气施加于日光的色彩效果，通过漫射，直射的日光几乎变成了红色，而且通过天空反射的光使下面大部分景色都染上了蓝色。

选择，当我们的选择较少的时候，对日光在一天之中照射在主体上的角度的判断就显得十分重要了。通常风景的覆盖面积大，复杂性高，所以我们可以以各种方式对其进行处理，找到有意思的相机机位/改变镜头的焦距就可以处理大多数类型的日光。建筑则不那么容易处理，因为大多数建筑都有外墙，而且总体上人为建造的（包括雕塑）结构设计都有一个特定的观看角度。这让我们的选择更少，却让选择的重要性变得更高。对于非静止的拍摄主体（如人物）可以被重新构图，在这种情况下日光的角度问题就不在考虑范围内了。

中纬度的一天

　　这一系列照片使用同样的构图，有点类似于延时摄影，拍摄于北纬51°，西经0°，换句话说是拍摄于伦敦中部。我在前景选择了一座观赏性雕塑，以更好地展示单一光源的造型效果，以及光源移动给照片效果带来的改变。8月的日出时间，也就是这一系列照片的拍摄时间，为早晨5点30分，日落时间为晚上8点40分。因为是夏至日时间，太阳在最高点（天顶，位于地平面上60°）的时间为下午1点，而非中午12点。拍摄地点为肯辛顿花园，它靠近格林尼治子午线，处于时区的正中央。

肯辛顿花园

这一系列照片展示了一天内不同时间的光线效果，拍摄的时间在上文提到了，从早6点至晚8点。

纯日光

我们首先讨论晴天，并不是因为它是最常见的（至少在英国并不常见），而是因为它是所有光线最初的来源。天气、时间和地点发生变化，光线也会发生变化。自然光是有巨大的多样性，但是在我们排除云层、霾、周围环境等不同的因素后，我们所拥有的就是一个在天空中缓慢移动的巨型聚光灯，它的位置每一天每一小时都不同。虽然这种情况看起来简单，但是它会有一些自有的复杂性，因为不论大气多么干净，它都会对光线产生影响。

摄影棚里相当于直射日光的光线是纯灯泡发出的光线，或者是点光源发出的光线。当我们从地球上看太阳的时候，因为我们和它的距离较远，它的面积可以忽略不计，日光是直线光，换句话说它们是相互平行的。这就像影棚灯一样，光线没有朝不同的方向分散，因此任何地方的影子都会和光线处于同一个方向。因为它是点光源，所以当一个物体的阴影投射在其附近物体的表面上时，阴影的边缘是十分清晰锐利的，而物体和其影子的距离越远，边缘就越柔和（这个效果可以参考任何较高垂直物体在地上的影子，如树干或者电线杆）。

关于光线和光线是否属于摄影范畴的讨论有很多，这些讨论也大多源于它们自身的吸引力。所谓的吸引力是极其主观的，而且对它们的理解因人而异，但是它们也受到了主流观点的影响。虽然大多数非摄影师的观众不会以这种方式表达，但是日光通常不被认为是用来拍摄人物和较小物体的理想光线。这种观点产生的原因并不重要，重要的是它得到了大众的认可。然而，当拍摄主体的范围较大，例如拍摄风光等题材时，大众的审美就会发生变化，也许是因为明亮的日光通常等于舒适的好天气。不论如何，日光在大场景中都更受欢迎，尤其是太阳

的角度较低，能够照射出细长的影子的时候。

当我们事先制订了拍摄计划时，我们可能会按计划寻找特定的日光，我们还可能通过寻找拍摄主体和视角对光线加以利用。当相机面对西南或者东南方向的时候，我们能获得最有效的日光效果，这样的角度会覆盖主体前 3/4 到后 3/4 的范围，请参考下一页的照片。如果视角朝向正西或正东，就会获得从剪影到全正面的范围，使用效果并不理想。完全正南只能为主体两侧带来有限的变化；向北则只能获得一定的背光效果。这些光线的角度在南半球的情况完全相反。

数码相机对色温的完全控制为我们带来了新的拍摄机会，例如将一个物体放置在晴天的阴影中，其色温值会很高，也就是会偏蓝，虽然很难以肉眼来衡量，但是我们可以完全通过相机的白平衡设置来弥补，或者通过后期制作来调整。直射日光还可以通过使用反光板、柔光板和黑旗来进行调整。

太阳如何占据天空

太阳的运行轨迹在热带高而窄，在高纬度地区低而宽。因此在地球上的一些地区和特定的时间内，太阳可以出现在一些相对特殊的地方。（北半球朝北，而南半球朝南）。这会给拍摄带来很多实际的影响。例如这幅柬埔寨吴哥窟浅浮雕照片，神殿面向北侧的外墙通常不会被日光照射到，尽管如此，在夏天的几个星期内，它还是会在每天的正午被日光照射到。而这种现象不会在中纬度地区或者高纬度地区发生。

锐利的影子、高对比度和晴朗的好天气，这些都是最纯粹的且没有被云层遮挡的日光的特点。

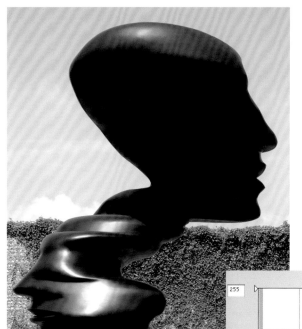

明亮的太阳和高对比度

一个又高又明亮且没有被云层和霾遮挡的太阳，可能会使照片的对比度很高，虽然这在很大程度上取决于拍摄的物体。例如这个例子中由抛光的黑色岩石制成的雕塑，如果我们的画面里有镜面般的高光反光，对比度必然会极高，下侧的直方图可以用于参考。最终，通过尽可能简单明了的构图，以及以天空为背景让雕塑上半部分的轮廓清晰可见，高对比度得到了成功运用。

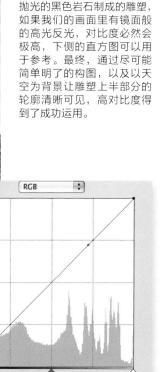

远距离的影子

角度很高的太阳能造成很明显的阴影，这通常会在人像摄影或者拍摄近景时造成一定的问题，但是在拍摄较远距离的物体时，这些阴影就不是问题了，例如这张在河边起飞的一群鹈鹕的照片。实际上，照片中鹈鹕的影子起到了突出它们的白色羽毛的作用。

纯日光

太阳的高度

通过学习摄影照明（第4章）的内容，我们可以知道光源的高度会对场景和物体产生一定的影响。而对于太阳，这种影响可以预测，但是也具有发生大量变化的可能性，这种影响是由3个变量决定的，即时间、季节和纬度，它们也会因为太阳的方向而变得更加复杂。例如我所居住的伦敦，在6月的早晨8点30分，太阳的高度就足以让光线跨过围栏并照射在花园之中，但是在11月则需要等到上午11点（同样的高度，不同的时间），而很重要的是，光线的方向不同会产生不同的影子。

有一些拍摄题材，尤其是风景和建筑，在我们需要门廊等特定的位置或元素被阳光照射时，就需要十分准确的拍摄时机。时间和季节这两个变量是我们最为熟悉的，因为我们大多都了解自己生活的地方的光照情况，但是纬度也很重要。出国旅游现在已经十分平常，这对于摄影来说就意味着我们要体验更多不同类型的日光环境。尤其是现在有很多摄影师都在极端的角度进行日光拍摄：从热带正午高角度的太阳，到地球南北两极冬季长期低角度照

太阳的高度对光线有很大的影响，光线包括对物体和人物产生的造型光和影子，而这种影响取决于时间、季节和地点。

图说天空

虽然下面两幅图片和本页的内容无关，但是下一页的图片是使用滤色混合模式将这张图的内容进行合成的很好的实例。

射的太阳。例如在赤道地区，正午的太阳会位于我们的正上方，而在美国和欧洲北部，太阳的最高角度为70°；北极圈内仲夏的太阳会在天空中以360°的圆形进行移动，与地面的角度永远不会高于47°。

太阳会以一种特定的方式照射在物体之上并投射出阴影，而太阳的高度会给这种现象带来变化，这一点对摄影的重要意义不言而喻。从心理学和文化的角度来看，人们普遍对某些特定的光线有一定的偏爱，至少从传统的角度上看，低角度的太阳具有一定的视觉美感，尤其在彩色照片中。我们会在第56～75页对相关内容进行讨论。通过第43页的一系列照片我们可以看出，太阳的移动确实会对场景的视觉表现产生很大的影响。对一个不熟悉的场景进行光线的预判并不容易，但是在一些特定的场景我们可以获取以下信息。我们首先要知道一些主要因素的方向，如日出和日落、建筑外墙以及相机的拍摄角度；然后要知道日出日落的时间和太阳的最高点（这会受到夏至日及时区内具体地点的纬度的影响）。对于大部分情况来说，我们至少需要思考：什么时候太阳能够以我认为最美的方式照射在我的拍摄主体上？本书举出的例子会提供一定的帮助，但前提是不考虑天气情况。云层的覆盖会完全改变光照情况，而阴天则让我们完全无法知晓太阳的高度和位置。我们会在之后的内容中讨论天气带来的影响。

中纬度的太阳

北纬45°，在春天和秋天（昼夜平分点），太阳的上升和下降位于东边或西边的90°，这个方向在南半球则相反。此外，在忽略夏至日的情况下，任何时区的中心地区日出时间为早晨6点，太阳在中午12点到达最高点，日落时间为下午6点。在春天和秋天，太阳出现的轨迹为图中上面的轨迹，上升至最高的45°（夏天为70°）。下面的轨迹是冬天的太阳轨迹，太阳最高只上升至22°，刚好是我定义的"金光"（请参考第58页）的角度的上限，它在春秋出现的时间为早晨8点和下午4点。这些位置和时间都在不停地变化着，极端值在夏至日和冬至日出现。

太阳角度的简单测量方法

当太阳的角度较低时，一个能快速知道太阳角度的方法是参考镜头的视角范围（生产厂商一般都会公布相关信息）。大多数可以获取的镜头视角信息都是指画面对角线的长度，也就是整个圆形像场的直径。因此，若使用此方法，就需要将相机对准水平线，然后围绕镜头的中轴旋转相机。调整变焦环直到太阳出现在最上方的角（为了保护眼睛，可以用周围的植被或者类似物体稍微进行遮挡），然后读取镜头的相应焦距，太阳所在的角度就是该焦距覆盖视角的一半。

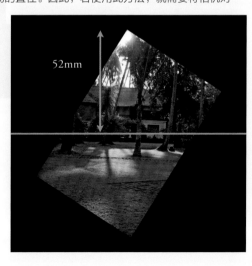

52mm

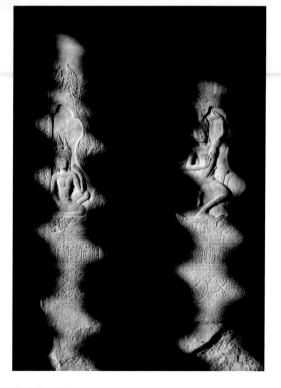

准确的时机
这个例子是"光之窗"（其实是石栏杆之间的空隙）在柬埔寨吴哥窟的浮雕中移动。因为要使两个缝隙刚好对应两个浮雕上的舞者，所以拍摄时机就十分重要，而阴影的移动也是肉眼可见的。

热带的日光

上午 8 点

在这个场景里，日出后的 2 个小时内可能是最适合拍摄氛围并捕捉细节的时间。就像上图中所显示的那样，湿气和烟雾为整体的氛围添加了很多有趣的元素。

上午 9 点

在这个时刻，中纬度地区可能还会有一些早晨的样子，但是在这里，太阳已经上升到水平面以上40°（直径为12mm的镜头一半的覆盖率）的高度。

赤道范围上的太阳能够有最大的高度，那里的季节变化很小，但是一天之内的日光变化却很大。我们现在处于巴厘岛，它位于南纬8°，日出时间（本处为8月，即这组照片的拍摄时间）为早晨6点24分，日落时间为晚上6点17分。相机的拍摄角度是东北方向45°，因此太阳会在图中右侧的背景处升起，而在相机的左后方落下。如果我们熟悉中纬度，就会知道其正午时分的光线效果最为特别，小但强烈的影子足迹看起来会比较奇怪。另一种我们不熟悉的情况是日出和日落的速度。晚上7点，也就是日落后仅仅43分钟，日光就完全消失了。

热带一天的日光由很长的一段不会变化的顶光和两端快速变化的低角度光组成。

巴厘岛：上午 8 点

这张照片拍摄于另一天的早晨8点。因为相机有3/4面对太阳，所以大气中的湿气和一些烟雾被背光照亮，在空气中产生了很好的层次感。

上午 7 点

在日出接近一个小时以后，因为存在密集的椰子树、棕榈树和其他植被，只有几缕光线照射在了场景中。太阳的角度为15°，在开阔的场景都会有不错的效果，但是在这里，大部分日光都被环境遮挡了。

上午 10 点

当太阳的高度达到约50°的时候，这种整体的光线效果会持续大约6个小时（相当于日照时间的一半）而不变。唯一的变化是太阳与建筑和物体的相对位置变化而给影子的位置带来的变化。

上午 11 点

太阳现在在头顶上方并且会在这个位置停留至少 3 个小时。此时的聚光效果不会给眼睛带来舒适感。热带的建筑通过延长房顶的方法来遮阳，而在摄影的范畴内这些影子的影调很深。

下午 2 点

日光慢慢变成了正面光，虽然日光的变化在这一系列延时照片中很明显，但是对于亲临其境的人来说，这种变化依旧是难以察觉的。

下午 5 点

日落前约 1 个小时的日光浓郁、温暖且具有魅力，相比上午的光线更偏向于正面光，因此能显示更多的细节。太阳的角度够低，能够让现场的元素构成主要的照明效果：高高的棕榈树投下长长的影子，这并不是常能被预料到的。

正午 12 点

中午的太阳位于最高点，但是它的变化相较于前一个小时依然很小。

下午 3 点

此时太阳有一点儿下降的趋势，但是它的效果还不足以满足大多数摄影师对可用光线和照片美感的需求。太阳的高度和早晨 9 点一样，但是位置转到了相机一侧的天空。

下午 6 点

日落时分，树木挡住了大多数直射光线（大多数地方都是如此，尤其是在照片中的位置）。只有棕榈树的顶端还有些许光线。热带地区的日落速度很快而且很难预料；日落 15 分钟以后，天空就全部转黑。

下午 1 点

光线和阴影的变化依旧很小。从光线的角度来看，热带地区午间的日光可以视为静止不变，和早晚的快速变化有着极大的区别。

下午 4 点

日落前约 2 个小时，物体边缘的高对比度和头顶直射光线的效果已经开始减弱。大多数风景和建筑摄影师都会在这个时刻开始做拍摄的准备。

晚上 7 点

日落后还不到 1 个小时，实际上夜晚已经降临。场景中的光源基本上只有周围房子中的钨丝灯。

热带的日光

云的漫射

不论云的形态如何，它们对光线的主要贡献都是产生不同类型的漫射。不要忘记的是，云由水汽构成，其本身没有任何色彩，但是云层会将不同色温的光线进行均匀的传输和混合，也会反射出不同的色彩。我们在后面几页会将云层当作反光板来进行讨论。

根据类型的不同，云层会将日光扩散到面积更大的区域，同时会减少一定的光线量。

我们可以根据气象学来对云进行分类，但是据我所知，还没有人按照对光线的不同作用对云进行分类，因此我们在这里可以对这部分内容稍加分析。用于分类的变量有：不透明性（云层厚度）和散布面积（其所覆盖的区域），就和影棚灯一样。最明显的两种类型是层叠状的云和面积小且有形状的云。前者包括分层的云（层状云）和羽毛状的云（卷状云），以及层云、高山云、卷云和卷层云；这种类型的云会造成更平均、更整体的漫射。从光线的角度来看，云层高度的重要性并不明显，因为作为

光源的太阳离地面的距离是如此遥远。面积小且有形状的云被称为直展云（积云），其中也包括了不同的直展云的种类，而根据定义，这种云也有一定的厚度，所以它们在太阳面前飘过的时候会造成很强的效果。不同类型的云叠加在一起，其组合效果更加复杂，不同类型的云移动到天空中的不同区域时也会造成这样的情况。

当我们细心观察云给日光带来的效果时，我们会发现几种不同的作用。首先是光的漫射，日光被扩散、柔化，在云的边缘对阴影进行减弱，而在阴云密布的时候，也就是漫射效果最强的时候，整个天空就成了一个极其均匀的光源。其次，云会减弱光的强度，效果最强的情况莫过于层云，在最强的时候可以把 10 万 lux 的日光减弱至 1000 lux，换句话说，就是将日光减弱了 4 个曝光挡。再次还有云的层次，这会带来更细微的效果；除了被层云 100% 覆盖以外，天空不同区域的云层厚度不同，因此天空不同区域的亮度也会有区别，这会在一定程度上影响漫射光的角度。

另一种作用是色温的变化。在晴朗的天气，场景中被日光照亮的可见部分拥有大约 5200K 的色温，而阴影部分的光线来自蓝天和周围物体的反光。在

云的漫射程度

漫射的程度主要取决于云层的厚度和高度，以及它覆盖天空的面积。云层的厚度很难在地面上进行测量。当云层叠加的时候，它们组合的漫射效果就会变得更加明显。这里列举的一系列天空的照片展示了云层厚度的增加，以及随之而来的漫射效果的增强。而在现实情况中，云层的形态也会有很大的差别。

空旷的地方，蓝天会起到主导作用，其色温一般为
8000～10000K。云层的覆盖能够起到混合这两种色
温的作用。均匀的漫射会对日光和蓝天的反射光按
照其强度进行等比例的混合，其产生的色温大约为
6000K，这也是偏向日光色温的。但是，破开的云层
会让色温升高。色温最强的情况发生于天空中只有几
片面积小、较厚且高度较低的积云，且有一片积云在
太阳前方飘过的时候，这会将日光的强度减少约3个
曝光挡，并让蓝天的反射光拥有更强的效果。有意思
的是，这种天气情况也和云层的最后一种光线效果有
关，即可变性和不可预测性。不管变化如何缓慢，云
层的覆盖情况都在持续发生变化，给光线带来的效果
是天气预报所无法预知的。尤其对摄影而言，高空的
风和流动的空气让预测变得更加困难。当云层在太阳
前方飘过的时候，这不仅会让我们不断进行调整，甚
至还可能打乱我们的拍摄计划。例如，室外人像拍摄
效果会因为一定程度的漫射（薄雾、薄云等）而得到
改善，但是如果云层的变化造成了更强烈的日光或者
毫无层次的大面积漫射光（多云天气），我们就需要
重新选择拍摄地点或者使用一定的照明工具。

明亮的多云天气

这天，曼谷四面佛的上空被中等高度的积云
覆盖，由此产生的漫射光让地面看起来较为
明亮，这也保留了一些柔和的阴影（请注意
前景中人物肩膀上明显的高光，以及T恤褶

皱处的阴影）。ISO 100设定下的EV值为13，
符合我们的期待，这相比中纬度地区的一般
曝光值要高大约1挡。

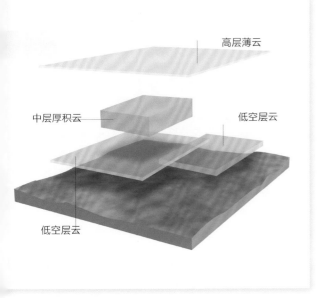

平整的光线

这个谷仓被低空中参差不齐的积云所漫射的光
线照亮，这种积云类似于右图中云的形态。

不同种类的云层

我们在地面上通常不容易看到云层的区别，
但是本图能较为清晰地说明它们的不同。云
层通常出现在不同的高度上，会呈现出不同
的形态。此处，一团很高的积雨云漂浮在高
度较低的参差不齐的积云上方，而且积雨云
上方还有高层云和卷层云。每种云都有特定
的漫射效果，当它们叠加在一起的时候，会
对云层下方产生十分平整的光线效果。

高层薄云

中层厚积云

低空层云

低空层云

云的漫射

51

云的漫射

漫射的程度

　　本处是对云层的不同漫射效果的实践展示，我们拍摄的场景和第48～49页"热带的日光"这部分内容中的场景一样。这组照片拍摄了从不受影响的正午阳光到阴云密布天气的变化。阴影的边缘是我们首先讨论的视觉效果，我们可以看到阴影和明亮的区域开始混合。接下来是独立的明显的阴影开始逐渐消失，例如前景里棕榈树的影子。最后是悬空物下方的阴影开始逐渐被光线填充，例如叶子的根部和建筑物下方的影子。直方图中主要区域的稳步压缩说明对比度开始逐渐降低。在这种情况下，天空和地面的对比度开始升高（这是需要我们认真考虑的部分）。为了更明显地展示局部对比度的降低，我们选择光线最多和云层最多的照片，选择接近中央的部分区域（由长方形标出），并使用下方的一组直方图来进行对比。

色温的混合

　　天空完全被云层覆盖的情况会对太阳的色温（白色，5200K）和蓝天的色温（8000～10000K）进行混合，得到的结果是略高于日光的色温。混合的结果取决于云层覆盖的程度，但是根据一般的经验（同时也是大多数数码相机生产厂商遵循的数值）结果是6000K。

 +  =

蓝天　　　　　　　太阳　　　　　　　多云

阴影的截断

　　一片云短暂遮挡太阳的情况是在日光下拍摄照片可能遇到的最棘手的情况之一。无遮挡日光、云层的边缘遮挡和厚云层遮挡所造成的亮度的跳跃性变化是十分显著的，在有风的天气这种变化会更加快速并且不易于调整。亮度的减少程度取决于云层的密度，但是变化最明显的时间点显然是当云层的边缘接触到太阳的时候。这就使得云层的边缘成了很好的指示标记。当阴影的边缘消失的时候，日光的亮度会减少2挡，相当于2个光圈挡。虽然这取决于云层的类型，但是这种情况一般发生在云层边缘稍微靠内部（遮挡太阳）的位置，请参考右侧的一系列图片。

1. 日光照射
快门速度1/125秒，光圈f/16，ISO 100

2. 云层边缘
光线迅速减少，最多减少至2个光圈挡

3. 太阳被遮挡，没有阴影的边缘
快门速度1/125秒，光圈f/8，ISO 100

云的反射

除了对日光的漫射以及减少亮度以外，特定种类的云层还可以起到类似反光板的作用。它们的反光能力取决于其尺寸和白色的纯度，而它们与太阳的相对位置决定了它们对整体照明的贡献程度。在实际情况中，云层对光的反射只是偶尔在为阴影补光时会被我们注意到，但是这种情况对色温的影响更为常见。如果想要取得和摄影棚里的反光板一样的效果，云层需要拥有更接近于垂直的面，这种类型的云层通常为积云和积雨云。这种云层的出现通常会伴随降雨和雷暴的天气，因此它们能创造出的反光效果可能转瞬即逝。较好天气状况下的积云会非常白、非常柔软同时高度不会很高，也可以起到反光板的作用，只是反光效果不甚强烈。

当云层，尤其是轮廓清晰的积云覆盖了太阳对面的天空时，它们会起到为阴影补光的作用。

此外，和摄影棚的反光板相比，如果云层的垂直面在与太阳完全相对的位置，那么云层的整体照明效果要强于反光板，这种情况一般出现在每天的早晚时分。在靠近地平面时，太阳的光线强度相对较低，而当太阳位于地平面上30°～40°的时候效果最强。因此使用这种效果的关键时刻是上午的略早时分和下午的略晚时分。

而在一天的正午，当太阳的角度高于35°的时候，日光的色温会比较稳定地维持在5200K"白色"值，这就意味着反光的云层也是白色的，而当它们给阴影照明的时候，它们会降低色温，让阴影的白平衡偏向日光的白平衡。白平衡的改变程度取决于云层的面积和厚度。请注意，在这种情况下，云层的工作方式和通过漫射进行色温混合的方式是不同的。在漫射中，云层在覆盖某个区域的时候，会将其上方的日光和天光进行混合。在反射中，天空需要足够明朗才能允许日光直射在云层之上，这一部分色温是添加到天光的色温上的。在每天的早晚时分，云层都可以对日光产生重要影响。所需要的条件为地平线附近晴朗的天空和中高层的云层，这样红色的光线才能在云层的底部发生反射。对于这些云层来说，最深的颜色位于日出、日落的方向，因为这些光线可以更加直接地到达摄影师。比较特殊的情况是有一大片积云或者积雨云位于太阳的正对面，这会给阴影带来橙色调。

反射的程度

形状清晰的云层是主要的反光体，这种云层最主要的形态为积云和比较不常见的积雨云。这几幅图展示了远离太阳的天空的情形。

阵雨积云
明亮的白色云，但是通常会有大面积的灰色，因此只有一部分能反光。

暴雨积云（90%）
当这种积云大面积覆盖天空（以气象学的角度来说，天空的7/8被这种积云覆盖）的时候，它们几乎没有反光效果。色温大约为6000K。

较好天气下的积云（50%）
它们是面积较小、较单一的白色云，通常出现在晴朗的天气下，因此是反射最强的天气情况之一。此时云层对天空的覆盖率约为3/8，对阴影部分的色温影响是十分显著的。

积雨云
积雨云通常在高度上有很强的延展性，最终能够形成风暴。在这个例子中，积雨云处于构成阶段，当我们从远处观察的时候，它有极强的反光效果（请参考第55页泰国曼谷大皇宫的照片）。

太阳对面的云

在新几内亚岛的高地上，参差不齐的积云位于太阳对面的天空中（太阳的位置地平面上方约25°），这是很典型的阴影补光位置。这时的色温会比白色的色温略低（大约为4900K）。

漫射 vs 反射

太阳前方的云和移动到天空另一侧的云，不仅外观看起来完全不同，它们对光线产生的效果也完全不同。在太阳前方时，它们有漫射作用，就像前文所描述的那样；需要注意的是，当云层经过太阳正前方的时候，它们的边缘和中央位置的对比度也会剧烈增加，因此本来看起来是白色的部分现在会偏灰色。远离太阳以后，每一片云都会反射光，这对整体照明效果的影响不算强烈，但是在晴朗天气下依旧可以察觉到。

高空卷云

薄但是边缘分明的一层层卷云和卷层云只有很弱的反光效果，但是它们会降低天光的色温。

低角度太阳对面的积云

因为我们的肉眼会对缓慢变化的色温进行调整，低角度太阳（大约在地平线上20°）对面的略显黄色的云不会立刻被我们察觉到，但是这种现象是真实存在的。

日出、日落时太阳对面的积云

清新空气中色彩浓厚的日落时分，和太阳角度较高时相比，此时云层的反光强度低了许多，但是它们对阴影处产生的色彩效果会很明显。

白色的反光体

即便在正午，当太阳处于头顶上方的时候，在高空中很快就能形成暴雨的这片积雨云也能完全捕捉日光。在泰国曼谷的大皇宫的照片里，这片云是场景中可见的最明亮的元素，虽然从这个角度看，它的反光效果并不可见，但它确实能够给阴影补光并且能起到影棚里白卡的作用。

云的反射

拂晓

一天的开始是最无法预测情况的拍摄时刻之一，但是可能会给我们带来突然的惊喜和浓郁、壮美的光线。

光线变换速度最快的时候莫过于太阳处在地平线的时候，即日出或日落的时候。正午时分，假设天气状况不发生变化，若想光线发生1个光圈挡的变化，也许要等上几个小时。但是当天气晴朗且没有植被遮挡（如亚利桑那州的沙漠）时，太阳升起以后可能仅仅几分钟就会让曝光但相比日出前提高大约4挡。对于不熟悉地点的观众，如果让他们欣赏一张日出的照片，他们就会无法分辨照片是拍摄于日出还是日落。除了拍摄方向以外，地面上的景物也有很大的区别。例如当地的天气情况可能会倾向于产生晨雾，或者在下午产生聚集的霾。这种情况非常特别，只有亲身经历了才能体会。需要注意的是，日落的光照情况和这里描述的完全一样，只是时间段不同。

在拍摄时，等待日出的情况和等待日落是完全不同的。我们的肉眼能够适应明暗的变化，而明视觉就会取代单色的暗视觉。从感官上来看，当太阳升起的时候，因为我们的肉眼具有对光线的适应能力，所以日光看起来比它实际的亮度要高。另一个不同的地方是，如果我们需要在画面中拍摄太阳，就必须了解它在地平线上会出现的位置。在风光摄影中，画面里可能会有一个特定的物体（如山顶、建筑或者树木）可以成为日出时很好的剪影点，这就意味着我们可能需要移动相机的位置。在这种情况下，手持GPS定位仪就会提供很大的帮助，它能为我们提供日出的时间和方向。只有赤道地区的太阳会垂直升高，也就是说，太阳升起的位置和曙光的位置一样。在北半球的其他地方，太阳升起的地方位于曙光的南边（也就是右边）。日出位置的实际差别，也就是曙光的中心在地平线上从左到右的移动，这取决于太阳的角度（参考第44～45页）。在南半球，这种现象是相反的，而这种情况一般都会让游客不知所措，太阳会在曙光的北边，也就是左边升起。

日出的颜色是由漫射造成的。太阳的光线穿透更厚的大气低层区域，对高能量的短波长（蓝色和紫色）造成更强的漫射，留下偏红色的光线，而红色和橙色的具体程度会视情况而定。实际上，想要对日出的情况进行预测，除了在沙漠这样气候稳定的地区，在其他地区都是很困难的。第一个原因是太阳和大气之间的极低角度极大地增加了云层挡住太阳的概率，但这也是拂晓的照片如此诱人的原因。同样因为低角度，云层需要更长的时间从太阳周围散去。想拍摄燃烧似火的日出的最理想条件是前景有中高度的云层，后面有晴朗的天空，这样没被遮挡的日光能够照射到这些云层的底部。事实上，当太阳在地平线下方的时候，红色的云层更可能出现。

第二个原因是，我们无法像拍摄日落一样看到日出前几个小时天气的变化。这会让天气状况很难预测，同时这时空气温度开始上升，导致每天这一时刻的天气极不稳定，这就让拍摄难上加难。在很多地方，能够左右光线效果的因素很多。在这种情

GPS信息

一个手持GPS定位仪非常有用，可以说是户外拍照的必要配件。除了记录位置信息（有些相机在拍摄时通过使用数据线连接GPS定位仪，可以将定位数据传送到照片的EXIF数据中），它还可以计算并显示日出、日落、月升、月落，以及任意一天中日月穿过天空的轨迹。

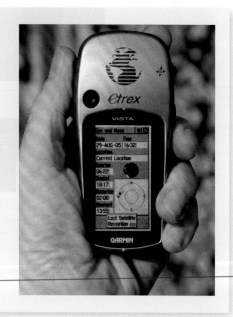

选择日出或日落

　　如果拍摄主体的方向只适合拍摄日出或日落（而不是在每天的早晚接受同样的交叉照明），那么就值得对这个场景两种截然不同的光照情况进行拍摄。如果在外拍摄的时间较长，而且拍摄题材也很重要，那么我们可以选择在附近留宿。通过这里的两张照片，我们能够看出日出和日落在风格上的不同。

况下，最好的预防措施是在前一天下午对预想的拍摄地点进行考察，对场景及可能拍摄的方位有一定的概念。而选择前往拍摄点的路线这样简单的事情也需要我们进行一定的准备，因为当周围漆黑一片时，我们可能不容易找到路。此外，如果拍摄地点是受管制的，如考古现场或者国家公园，则可能会有锁住的大门等一些障碍物。在这种环境中，我们必须要了解开门时间或者和管理方联系，进行拍摄安排。很多人也可能会睡过头。

日出的拍摄点

　　我们的肉眼能够很好地适应曙光，因此我们认为的日出常常要早于日出的实际时间，这样就需要我们提前了解准确的日出时间。如果太阳在画面中出现的位置有决定性的作用，例如在纪念碑谷的连指手套山后，那么我们选择的拍摄地点需要让相机在最后时刻有空间向左右移动。但是就算如此，我们的拍摄时间可能只有短短几秒。镜头的焦距越长（在这里是400mm镜头），我们所需要移动的距离就越远，这样才能够有效影响拍摄的角度。

拂晓

金光

当太阳从地平线升起以后，户外摄影的一个黄金时间段就开始了。这时的日光角度低、颜色温暖，但持续时间也很短。

有时我们把这种光线叫作"金光"，它没有固定的开始和结束时间，但是一般来说当色温几乎变为白色的时候它就消失了。在实际运用中，这个时段的太阳会处于地平线上5°～20°。根据第40～47页描述的太阳轨迹的内容，这个具体的时段会因季节和纬度的不同而不同。在中纬度地区的春天和秋天，也就是我为本书设定的默认时间和地点，这种现象在早晨会持续大概一个半小时，也就是大约早晨6点30分到早晨8点，下午的时长也大约相等，为下午4点30分到下午6点。在热带地区，这个时段的长度在早晚都会缩减到45分钟左右；而在接近北极圈的地区，如果天气晴朗，这种现象可能在一年内的大多数时间都会持续一整天。

如果日光很强且没有被云遮挡，这种金光会给人带来浓郁的感觉，它会照射出细长的影子，而且物体只有一侧会被这种强烈的光线照亮。有人会问，为什么这种光线不论是在摄影中还是在实际场景中都如此受人喜爱？这是一个十分有趣的问题，但是却没有人进行分析。也许是因为其强烈的色彩和稍纵即逝的特点，场景以一种不寻常的方式被照亮，而这种视觉盛宴又如此短暂，所以拍摄照片就需要摄影师更多的努力、勤奋和运气。即便如此，虽然在拍摄时有诸多不便，很多摄影师还是会选择拍摄金光时段，而非正午，尤其在拍摄大场景的时候。当然，哪怕是如此受欢迎的光线也会存在反对的意见，这主要来自纯艺术摄影的领域，金光因为太受欢迎且不够微妙而被他们所轻视。

这时的色温为3500～4500K，产生的色彩令人愉悦，但是从数码影像的角度来说，这种色温可以被任意调整。这种光线具有如此大的吸引力的另一个原因是

太阳刚从地平线升起，且没有高过20°的这个时段，是很多户外摄影师最喜爱的拍摄时间。

气氛与色彩的对比

这段时间的光线让人喜欢的原因是太阳的角度很低，带来了多种不同的拍摄选择。在这个例子中，我对着太阳拍摄时正好利用了早晨草甸上的迷雾，以及荨麻和前景里其他植物的轮廓光。另一个吸引人的地方是太阳射出的偏黄色的金光，刚好和阴影里，也就是前景和远处可以见到的偏蓝色的色调形成对比。

它随时可能发生变化。迎着日光拍照能够获得几种微妙的背光效果，如剪影和轮廓光等。而我们转身180°背对太阳就能得到完全的正面照明，色彩明亮或反光的物体会产生很美妙的效果（虽然避免拍到我们自己的影子有一定的难度，但是通过变换取景角度或者让我们的影子藏在树干、植被或石头等自然景物中能够在一定程度上解决这一问题）。使用这两者之间的任意一个角度，我们可以获得不同的侧面照明，就像这里的例子及第186～191页介绍的有关摄影棚环境的详细内容中所展示的情况，相机、物体和光源的相对位置不同会产生完全不同的照明效果。侧面光能够掠过物体表面，极好地显示物体的纹理。

正面照明和阴影

在日出和日落时，正面照明会很浓郁且强烈，和照片中位于华盛顿的杰佛逊纪念堂的场景一样。我们自己的影子可能会成为拍照时的问题。在这个例子中我使用了自拍计时器和三脚架，然后站在侧面进行拍摄。阴影可以在后期制作中通过克隆工具来修复。

侧面照明的细微差别

光和影

侧面照明所产生的阴影最为明显。这一系列的图片展示了日光从正面移动背面时阴影发生的变化。从相机的角度来看，正面照明时，阴影最小；背面照明时，阴影占据了画面的主导地位，与少量被光线照亮的部分形成了局部的对比。太阳与相机视线成直角时，光影对比度最高。

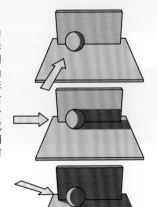

高对比度

高对比度对于大多数侧面照明的场景来说再寻常不过了。光线与相机视线成直角，因此阴影也与相机视线成直角。如图所示，物体表面仅需要向太阳的反方向调整一点角度，或者使用一个很窄的障碍物进行遮挡，就能产生很高的光影对比度。

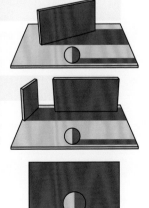

金光

柔光

虽然在某些天气情况下，太阳不会被遮挡，但是还是会有轻微的漫射效果。例如轻薄的卷云或卷层云等高空云层（通常只有通过太阳周围的光晕才能知道它们的存在）会在保留阴影的同时柔化日光，能带来同样效果的还有各种不同的霾，这是一种低空的渗透大气的现象。静止的高气压系统，例如冬季的逆温现象会让霾日复一日地出现。对于摄影来说，这代表着虽然受到日光直射，但是空气的通透度会给光线的软硬程度带来明显的变化。虽然我们对日光的对比度没有一种标准的测量方法，但是相机液晶屏幕上的直方图和高光溢出警告对其的反映也足够明显了。

大气通过几种微妙的变量对日光进行漫射，这样能弱化阴影并降低对比度，从而产生很好的造型效果。

被柔化的日光缺少一定的强度，但是能很好地展现细节。阴影部分不会过暗，因此高光溢出的风险也相对较低。总的来说，这是最适合拍照的日光条件之一，后期调整时也有一定的弹性。使用提高对比度的S形曲线通常能带来较亮的日光效果，尤其是对于人像来说，这是很容易掌握的照明条件。而对于风景和建筑摄影来说，如果柔光产生的原因是霾而非高空云层，它就会产生很强的空气透视效果。如果在构图上能明确区分前景、中央区域和远景，我们就可以利用这一天气现象来营造很强的氛围感。

除此以外，还有一些配件能够改变日光并将其柔化。这些配件适用于较小的拍摄对象，如人物。反光板能够降低对比度并对阴影进行补光，漫射板能够对光源进行扩散，黑板则是多云天气用来提高对比度的极佳道具。

薄雾

这种大面积的薄雾在印度的冬天非常常见，在这张照片中，虽然太阳的位置相对较高（早晨10点处在地平线上40°的位置），但光线还是被薄雾柔化后照射在新德里的一个现代化的屋顶露台上。尽管如此，阴影的边缘还是得到了保留。

面对和背对太阳的雾

相比下一页的照片，这张照片里有更浓的雾气，而这其实是一场沙尘暴的余波。

原图

自动优化

细心的优化

这张照片中的场景是英国西南部的一个花园，低空的雨云开始慢慢散开，造成了被柔化的光线。远处钢制凉亭上的反光可以看到太阳的踪迹。这里最大的照片是优化后的版本，为了进行对比，我也加入了对比度较低的RAW文件及自动优化处理（例如，选择Photoshop中自动色阶里的增强单色对比度）以后的照片。在后期调整时，我们有足够的空间和需求来判断如何处理这一类光线。

柔光

最终图

61

柔光

改变光线

　　当我们没有充裕的时间等待完美的日光条件时，我们可以在太阳和拍摄对象之间放置一种漫射材料，这样就能复制柔和的日光效果。自制柔光板的标准材料为纺织布，而纺织布也有不同的透明度可以选择。柔光板通常不太容易悬挂，因为柔光板需要至少有一部分位于头顶上方，且有足够的面积来覆盖场景中的重要区域。和柔光板效果相对的，是在低对比度的照明环境下添加阴影，近距离使用垂直的黑板或黑布就能获得这样的效果（有时我们称之为减法照明）。

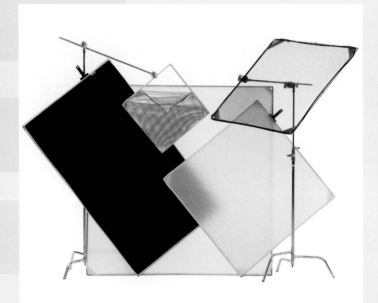

使用反光板

反光板在日光十分强烈的时候能有最好的效果，它们的主要作用是为明显的阴影进行补光并降低对比度。此外，在户外进行商业或人像摄影时将反光板放置在拍摄主体下方，这样就可以通过将下颌下方的位置提亮来增强整体的照明效果。这和摄影棚中使用美人光的原理一样，可以参考第184～189页的内容。反光板的尺寸越大，补光效果越明显，在电影拍摄现场，我们可以经常见到通过合叶安装在框架上的大型硬质反光板。因为携带大型反光板非常不便，我们可以使用可折叠的布类反光板，这类反光板有弹性钢圈可以迅速打开，对于专业摄影来说是标准的配件之一。它们也有很多尺寸可以选择，此外，最新的设计装有手柄，可以单手使用。

日光反光板表面

给阴影补光的强度可以通过使用不同的反光板表面来控制。抛光金属或者铝箔的亮面具有非常强的反光性，但是很难控制，并且在对准阴影的时候可能会产生热点或者不必要的图案纹理。一种更常见的反光板是将弄皱的铝箔压平，然后再固定到一个平板上。使用亚光的一面虽然会降低补光强度，但是会增加补光范围。纯白色的反光板效果更柔和，也可以用白布临时代替。最近研究生产出来的专用布料可以更准确地控制色温。在很典型的明亮日光下，天空为蓝色，阴影的色温也会较高。一个银色反光板会降低色温，但是因为无法降低到5200K，所以不能完全消除阴影。为反光板添加金色线条能够将色温提高至日光色温以上，从而对天光进行补偿。

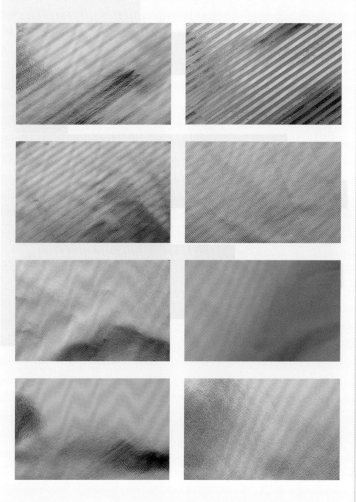

柔光

63

风暴光

当光线在照片中起到超乎寻常的作用时，它就成了最关键的因素。摄影是一种大众化的行为，我们每天能看到成千上万张照片，而这常常会让我们发出了"换了我，我也能拍"的感叹，由此便产生了一个疑问：如果拍摄一张照片如此容易，那么它是否不值一提呢？努力、技巧、毅力和运气会出现在每一张照片中，而不管我们承认与否，几乎没有摄影师在遇到极其罕见的光线时会放弃拍摄的机会。在户外拍照时，稍纵即逝且无法预料的景象之一是风暴光（当阳光穿透慢慢散开的厚厚云层时的光束）。

这种光线因为无法预知，而受到了人们的关注和追捧，忽然间从厚厚的云层中倾泻出来的明亮光线会给周围的景色带来戏剧性的效果。

光照区域和周围环境之间的对比让这种光线充满趣味和吸引力，如果画面中有暴风骤雨的天空，这种视觉效果就会更加强烈。这种环境也会让曝光变得极其困难，光照区域和周围环境的曝光差通常至少有2挡。风暴通常易变且移动迅速，因此光线的变化也非常迅速，有时光线的持续时间只有几秒，它在大场景中的移动也很难预料。如果出现光照区域，那它就是曝光的重点，而我们通常也无法预先准确地设置好相机。拍摄的结果在很大程度上取决于使用的测光模式。使用中央重点测光很可能会曝光过度，尤其当光照区域面积小且不在画面中央时。矩阵/分区式测光可能会比较合适，但是其结果取决于相机的型号。点测光绝对不会让我们失望，如果我们能确定光照区域会持续出现，那点测光就是我们的不二之选；风险是当我们对准测光区域进行测光，然后重新构图时，拍摄的时机可能就消失了。如果这些标准的测光模式都不可靠，还有一种方法就是手动曝光，可以参考多云场景的平均曝光值并减少2个曝光挡。我们还可以将手动曝光或矩阵测光与曝光包围结合使用，作为另一种拍摄方法。

这是一种无法事先进行计划的光照条件。在一些特定的天气条件下，我们可以期待这种光线，例如当低气压的冷风席卷而过产生暴风雨时，或者在迎面的强风作用下，在山脊的背面逐渐形成云层的时候。花上一两个小时却无功而返的情况再常见不过了。但是如果机会难得，我们就需要对效果进行预判并进行相应的取景，因为一旦光线出现，我们就没有时间可以浪费，剩下的就是等待和对天气进行观察。

小片的阳光

在开普敦的一家老酒店外面，快速移动的风暴云之间有光线短暂（几秒）倾泻出来。午后的太阳比较接近地平线，如果整个场景都被照亮，画面会有很好的效果但是缺乏特点。为照片带来戏剧性效果的是周围黑暗的环境（就是这个原因，相机有意地对准了右侧前景的剪影部分）和背后的雷雨云。直方图的黑点和白点说明了画面的对比度较高。

太阳观察滤镜

　　风暴的环境会促使我们朝着太阳的方向进行观察，寻找云层中破开缝隙的地方，即便我们知道这样做会对眼睛造成损伤。一个必要的保护手段是使用特殊镀膜的中性滤镜进行观察。

沙尘暴

沙尘暴环境中能够产生一种不同的戏剧性光线，它同样无法预测且移动快速。照片中这一面正在接近的红色沙墙的形成时间不到10分钟。这是一种在苏丹特有的被称作"哈布沙暴"的现象。除了本身的震撼效果，当它在吞没周围环境时还产生了一种无法形容的暗红色光线。

彩虹

　　风暴过后，可能会出现彩虹，但是它比我们想象的更少见。例如在英国的任何地方，每年出现彩虹的次数不到10次。我们需要了解彩虹出现的条件，才能对它出现在何时何地进行预判。彩虹的出现需要直射日光和降雨，而出现的位置为太阳对面的天空，因此它会根据我们所在的位置进行相对的移动。彩虹的中心被称作反日点，因此太阳越低，彩虹就越高。彩虹的颜色深度取决于雨滴的大小，这是完全不可预测的。

风暴光

雾气弥漫的一天

虽然雾在海岸附近可能会持续数日，但是它在大多数情况下是一种短暂出现的天气现象。潮湿的空气在地面附近冷却就会形成雾。辐射雾是最常见的雾的类型之一，在晴朗的天气下，潮湿的地面水汽（如草甸上和山谷中）在夜晚冷却形成雾，清晨被太阳照射后消散。还有一种雾在温暖的风吹过较冷的地表时产生，例如由偏南气流产生的海洋雾和海岸雾。如果海岸的空气被迫上升，那么雾就可以笼罩在山地或者悬崖的上方。雾的消散速度无法预测；海面上形成的雾可能会持续数日。

雾是另一种很难预测的光线条件；它能完全改变任何场景，通常会带来神秘和压抑的感觉。

雾对光线产生的效果很微妙，我们在画面中对雾的使用方式取决于雾的浓度、拍摄主题和相机的位置。空气透视是雾产生的主要效果之一。透视的种类有很多，它们都可以表现出场景中的不同距离和深度，而空气透视与逐渐变厚的大气有关。物体距离相机越远就越显苍白，而且细节越少。雾所产生的这种效果要远

强于其他任何天气条件。当场景中的各个部分处在不同的平面中，且中间具有一定的延伸空间时，空气透视的效果最为显著。

在这种情况下，一些光线的效果得到了增强，这包括极强的漫射、低动态范围、柔和的色彩，以及明显又苍白的剪影。雾可以看作终极的漫射滤镜，几乎不会产生任何阴影并造成极窄的影调范围。我们可以在拍摄或者后期过程中对亮度和对比度进行控制，这基本上取决于每个人的创作性选择。我们一般倾向于拍摄对比度高的照片，但是雾的柔和甚至消沉的感觉是对比度低的表现。而对于色彩来说，雾会降低饱和度，带来一种很典型的柔化的效果。如果太阳角度较低而且雾的浓度不高，对着光源拍摄就能获得剪影效果。离目标越近，剪影效果越强，而较远的物体会有更苍白、更迷幻的轮廓。

被雾环绕的场景的动态范围通常都非常低，曝光的变化在2挡及以上的时候都不会造成技术上的问题。这让我们有更多的空间来对光线进行处理。我们可以选择充足的曝光值来产生明亮、辉煌的效果，或者降低曝光值来创造忧郁的氛围。按照直方图的中间部分（中灰）进行测光并拍摄RAW格式文件能够让我们获得最大的后期空间，因此我们可以先专注于拍摄照片，之后再调整照片的效果。

添加烟雾

虽然会耗费一些功夫，但是我们可以在小场景里使用烟雾机来人工制造烟雾。只需空气稍微移动就能让烟雾快速传播，但很难控制。这种方法可以运用在类似于右图中的场景里，使其产生空气透视和平面分割效果。

决定亮度和对比度

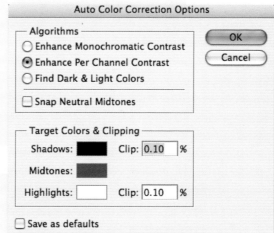

调整自动颜色校正选项

在选择自动颜色校正选项时按住 Alt 键，我们可以改变 Photoshop 中自动调整的首选项。

原图

这是英国戴德姆谷河岸破晓时分的照片，较低的对比度符合我们的预期，但曝光略不足（但是可以接受）。

对比度提高（2）

使用色阶自动颜色并选择增强每通道的对比度，让对比度的增强更为明显，这也是很好的中和蓝色的手段。

对比度提高（1）

使用色阶自动颜色并选择增强单色对比度。

减淡

提高色阶或曲线的中央点获得淡化的版本。

降低对比度

使用输出色阶降低对比度的版本，虽然并不是每个人都会做的选择，但是也是后期的可能性之一。

雾气弥漫的一天

暮光和夜晚

暮光是指太阳在地平线以下，天空中的剩余光线，虽然作为光源，这些光线的作用不大，但是逆光拍摄时会产生很好的效果。暮光的效果完全取决于天气状况。如果天空晴朗，暮光呈拱形并有亮度和色彩的渐变，效果可能会很复杂。有一点儿云层覆盖能够增强景色的美感，因为云层的底部可以被天空下方的色彩渲染。如果背对暮光拍摄，由于这种光线的特点，其很难给其他物体带来特殊的效果，而且只有在太阳刚刚低于地平线的时刻才会出现浓郁的色彩。

除非有比较厚的云层笼罩，一般黎明和黄昏的天空的亮度和色彩会从地平线开始向上逐渐减弱。它们能形成很好的剪影，并且是夜晚很好的替代品。

摄影时对暮光的运用有两个主要目的：作为剪影的背景和夜晚的替代品。剪影不需要进行过多的阐述，我们只需要对暮光测光，甚至减少曝光来避免可能出现的高光溢出，以保留地平线附近色彩的强度。关于剪影的内容请查看第68～69页（关于拍摄光线）。暮光的中后时段常常用来拍摄"夜景"，因为画面中还有一定的细节，天空中也有足够的影调以半剪影的形式勾勒出建筑和一些物体的轮廓。建筑的泛光照明和其他室外照明能够与暮光进行很好的搭配，当自然光开始消失的时候，这些人造光源就逐渐成为主要光源。为了使画面达到最佳平衡，我们需要一些经验来判断最佳的拍摄时机，而为了保证拍摄成功，很多摄影师都会较早地开始拍摄，直到暮光快消失为止。这会给我们更多的选择余地，而且相比很晚才拍摄，通过后期降低亮度和提高对比度来改变画面效果要容易得多。

从照明的角度来看，夜间的定义是完全没有任何剩余日光的时段，只有天空中有月亮时才能拍摄，否则周围一片漆黑，需要人造光源进行照明；此外，因为天空完全是黑色的，所以就无法清晰地获得建筑、树木等物体的轮廓。（关于月光请参考第71页的内容。）因为人类在夜间的视觉为暗视觉（亮度低时，黑白的视杆取代对颜色敏感的视锥进行工作），我们几乎看不到颜色，这也给暮光和夜间摄影带来了一个问题。相比于我们的感知，相机的液晶屏幕中显示的长曝光照片更加鲜艳，色调更"暖"，常常能给我们带来惊喜。月光本质上是日光的反射，因此月光的色温和日光的相同，但是我们期待的结果更像是偏蓝色的单色调。这些调整在后期都很容易实现，但是我们必须要在"现实"（和我们的感官不同）和"真实"（我们所期待的效果）之间做出选择。在二者之间折中选择是最好的办法。

压缩的颜色和反射

日出和日落通常都伴随着饱和度很高的色彩，如浓郁的红色和橙色。在这张从巴厘岛的沿海岬角望向远处火山的照片里，日落后再等待一段时间，颜色的范围缩小至接近地平线的一小片区域。通过使用广角镜头，让近乎中性的天空和它在海面上的镜面反光占据大部分画面，产生了一种极其微妙的效果。在这张照片中，没有任何事物能比火山山顶上红色明亮的烟雾更引人注目了。

可靠的替代选择

除了风景摄影，大部分夜晚照片中都有一定的人工照明，蓝色的自然光和（一般来说）橙色的白炽灯的组合通常都能形成极有魅力的画面。

暮光的另一个特性是没有直射光，这对反光表面来说是很有利的。在这张照片里，拍摄的主题是一个现代风格的禅意花园和一个圆形的反光水池。另一张较小的照片是这里被俯瞰时的样子，平淡的日光让如此含蓄的建筑显得没有特色，但是等到日落后半个小时，我们就能拍到一张更有意思的照片：抛光大理石反射的柔和的蓝色暮光及下面窗户里射出的橙色灯光刚好形成互补。

暮光和夜晚

适合拍摄建筑的光

标准的室外建筑照片需要寻找一个清晰可辨的视角，而寻找这样的视角时通常会受到一些限制，这取决于建筑的方位及附近的空间情况。如果日光从适合的角度照射过来，情况就再好不过了，但是如果在阴云密布的天空下，不论是否下雨，一切都可能看起来不可救药。在这种情况下，可以参考这张位于曼谷的现代化住宅在雨季中拍照片。一个很好的拍摄方法是将所有灯打开并拉开全部的窗帘，然后等待暮光和室内光线的亮度完全一致的时刻。

从两个方向拍摄

如果夜间的场景存在一定的不确定性（这种情况也会经常发生），比较好的一个解决办法是午后就开始拍摄，以确保拍摄成功。在这个例子中，我们看到的是艺术家丹尼·莱恩用玻璃堆砌的雕塑作品。最初的假设是，当它在晚上被部分照亮的时候有最好的欣赏效果。虽然晚上拍摄的照片也令人满意，但是我最后还是选择了午后拍摄的版本。

月光下的拍摄

使用数码相机拍摄时能调高感光度，而且不需要担心彩色胶片在长曝光中容易出现的倒易率失效的问题，这让数码相机更容易在月光下拍摄照片。数码相机对曝光的计算也没有过高的要求，只要我们设定大致的曝光时间，相机的液晶屏幕就会立刻告诉我们是否需要对设置进行调整。从光线的角度看，月亮就像是太阳的一个非常昏暗的替代品，而它们之间也有一些其他的区别。从地球上看，月亮和太阳的尺寸几乎一样（在日全食的时候月亮能完全挡住太阳），而且月亮也会反射日光。月亮的亮度取决于月相，弦月的勒克斯值只有满月的1/10，此外和太阳一样，也要考虑到霾、云层及其具体高度。月亮在最大亮度时（满月且高高悬挂在晴朗的天空上），曝光的起始点应为快门速度1分钟，光圈f/2.8，感光度ISO 100。这个曝光值有时被

人称作"月光18法则"，这是另一个更有名的"阳光16法则"（建议在晴天使用f/16的光圈，快门速度尽可能满足所使用的感光度ISO，例如感光度ISO 100时快门速度为1/100秒）的变形。月亮的亮度大约为太阳的25万分之一，曝光差为18挡。以此换算，当光圈为f/16时，曝光时间应该为35分钟，或者说光圈为f/2.8时，快门速度为1分钟。请将这个曝光数据作为起始点。我建议在这种情况下使用三脚架进行拍摄。为了减少固定噪点，我们建议使用较低的感光度设置并打开相机的降噪选项。拍摄这张照片时月亮和木星同时出现，拍摄时间为晚上8点30分，拍摄数据为快门速度20秒，光圈f/5.6，感光度ISO 220。

暮光和夜晚

71

跟上一天
结束的步伐

11：00
使用晴天白平衡（5200K）

通过之前的内容，我们知道阳光的变化在每天早晚最为迅速。对于很多场景而言，最佳的拍摄时机并不一定是我们所寻找的拍摄时机，最保险的做法是在时间充足的情况下等待并观察。我们需要不断对色彩和曝光设置进行调整，或者至少根据实际情况做出自己的拍摄决定。

亮度和色彩的变化会随着太阳接近地平线而越来越快，有时因为各种原因，这种变化也会很复杂，这就需要我们对于相机参数的设定做一系列的决定。

对曝光的调整是最简单的，如果相机设置在自动挡，那么相机就会自动进行调整。在暗光下使用彩色反转胶片拍摄时容易出现的倒易率失效问题不会在数码相机上出现，但取而代之的是噪点。长曝光噪点，也被称作固定噪点，会随着曝光时间的变长而增加，这种现象在使用低感光度的时候也会发生。幸运的是，因为每一种传感器都会以可预见的方式工作，所以我们可以在相机内进行降噪。一张正常曝光的夜间照片可以和白天的景象看起来十分接近，如第 71 页的照片，为了保留夜晚的视觉效果，我们可以适当降低曝光值。

11：00多云白平衡
对同一个时刻使用略暖的色调：多云白平衡（大约800K）

色温的变化通常不会被我们注意到，因为我们的眼睛能够在日出后到日落前的这段时间里及时适应色温的变化。而且，色彩的变化在清晰光线的照射下也可以十分迅速。问题在于，我们是否需要对这些变化采取一定的措施？我们对色温所做出的判断最终是处于感官层面上的，而且感官会受到两种因素的影响。首先我们认为清晨和午后的日光是红色的，就像我们认为黄昏和夜晚的日光是蓝色的一样。另一个因素和之前的相反，我们的眼睛能够适应色彩的变化，因此我们能注意到的颜色上的变化少之又少。所以我们看到胶片上日落时鲜艳的红色时都会感到惊喜。现在，数码相机的白平衡功能让我们在拍摄时和后期过程中都拥有绝对的控制力，我们不仅有能力，更有义务地去决定光线所呈现的效果。

这个例子的照片拍摄于伦敦早春的一天，每一个阶段我们都有很多可能的选择，但并不存在"正确"的选择。我选择了城市的风景线，因为这样的场景在日光环境中会混合一些人造光，能够让情况变得更加复杂。就像最后一张照片中展示的那样，照片中的一些泛光照明能够给人留下深刻的印象。

17：20

日落前40分钟：晴天白平衡（5200K）

18：15

日落之后：晴天白平衡（5200K）

18：40

泛光照明打开之后：晴天白平衡（5200K）

17：20 自动白平衡

对同一个时刻使用自动白平衡，可以获得很奇特的中午的效果

18：15 自动白平衡

在同样的时刻使用自动白平衡，色温的偏移比一小时之前少了一些

18：40 自动白平衡

用于中和场景中作为主要光源的水银蒸气泛光灯

17：20 较冷的自动白平衡

对同一个时刻使用较冷的白平衡设置：+3的补偿效果相当于减小大约1000K

18：15 自动白平衡和多云白平衡

使用同样的白平衡设置，但是此处更暖，用于抵消钠蒸气灯的黄色：多云白平衡-2的补偿设置，相当于比日光白平衡增加约1600K

18：40 自动白平衡，色相-6

使用同样的白平衡设置，但是色相调整时添加了红色：-6的补偿设置相当于色相角度的6°

跟上一天结束的步伐

逆光拍摄

逆光拍摄的照片虽然细节不足，但是具有很强的图形效果和氛围感。如果我们能根据自己的需求控制炫光和对比度，那么逆光就能让我们拍出一些极不寻常甚至令人惊喜的照片。极高的对比度让曝光的判断存在一些难度，高光会不可避免地过度曝光，在追求图形效果而非记录（如拍摄剪影）的前提下，降低曝光值进行拍摄是一个安全的选择。通过右侧的图片我们可以知道逆光拍摄的不同变化，而每种变化也都有特殊的效果。这些拍摄环境都属于高动态范围照明，所以我们可以参考第5章的HDR图像技巧来进行处理。现在，我们先了解技术含量较低，但是更有创造性的拍摄方法。

在保护眼睛和相机传感器不受伤害的前提下，把太阳和它的反射作为拍摄主体能够获得氛围感很强的照片，有时还能给我们带来惊喜。

这些拍摄环境通常会产生一些炫光，而炫光并非都会给画面带来不好的效果。在镜头内反射所形成的条状或多边形的炫光是离轴拍摄的特点，这会给画面带来不可避免的特殊氛围。炫光还能让照片保持很强的真实感，尤其在我们不想让照片看起来是精心策划而拍摄的时候。正是因为这样的需求，添加炫光的软件被开发出来了，它可以为过于"干净"的照片添加条状或者多边形的炫光（请参考第158页的"数码炫光控制"）。另一种常见的效果是晴空中太阳周围有紧密的星状图案（星芒）。使用超广角镜头和小光圈可以强化星芒的效果，我们还可以寻找物体或者植被的边缘，让它们对太阳进行少许的遮挡来增强星芒的效果，请参考下一页的照片。

微妙的变化

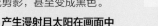

太阳在画面中

这是高动态范围下最极端的照片形式，如果太阳十分耀眼，画面通常会很暗且前景的物体会变成剪影，甚至变成黑色。

产生漫射且太阳在画面中

与晴空中的太阳相比有较低的对比度，背景的细节更多。

离轴

太阳刚好退出画面是非常有效的拍摄条件。空气的干净程度决定了对比度的高低。拍摄时需要对太阳进行准确的遮挡，这不仅需要遮光罩，还经常需要用黑旗或手进行遮挡以避免图像变弱。

离轴，暗背景

这是离轴的一种特殊情况，轮廓光在这里起到主导作用。

离轴，有遮光

离轴的一种变形，有如门廊或者建筑角落等元素出现。

太阳的反光

这是一种特殊的情况，在这种情况下，相机光轴与反射面（通常为水面）的角度等于太阳与反射面的角度，当太阳角度较低时最容易出现。

部分遮挡（右图）

使用树叶进行构图能够大量减少光线，同时还能保留太阳在画面中的效果。使用广角镜头最容易获得这样的效果，因为它能够降低太阳在画面中所占的比例。照片所展示的是一个正在爬酒棕榈树并设法获取树汁的人，该照片通过降低曝光值保留高光的细节，同时创造出剪影效果，并显现出太阳的星芒。

太阳的反光（最右侧图）

在这种情况下，拍摄的角度极其关键：相机的位置和太阳的位置需要与反射表面（在这个例子中即水面）形成同样的夹角。事实上，从技术角度来看，这张在飞机上拍摄的尼罗河上游的照片并非一张完美的照片，因为它是透过被划破的塑料窗户拍摄的。但是从印象角度上来看，这是一个不错的例子，正是因为炫光的存在，河流看起来像一条发光的缎带。

可接受的炫光（下图）

这是一张非 HDR 的照片，低角度的太阳照射在巴厘岛的稻田上，高影调、毫无损失的阴影细节、剪影以及天空细节的保留在这张照片中全部实现了。但是我更在意的是照片能有足够的亮度来展现大多数水稻的绿色，更重要的是，这张照片勾勒出了地平线上火山的清晰轮廓（这也正是这张照片真正的主题）。

逆光拍摄

75

第3章
人造光源

家庭、购物中心及公共空间的人造光源，不论室内或室外，都在不断发生变化，除了安装它们的建筑师和使用这些光源拍照的摄影师以外，这种变化并不会引起大多数人的注意。不同的文化对照明的喜好有所不同。一些国家开始抛弃荧光灯，转而使用"平衡色温"的蒸气放电灯，更多的家庭和高端零售商开始更少地使用钠灯，更多地使用低电压的高亮度灯泡。城市中心区域的亮度在持续上升，新开发的城市因为广告的需要更是如此。总的来说，人造光源的种类越来越多，而购物中心和商场的混合照明现象也越来越常见。

从某种程度上来看，数码相机因为可以轻松控制色彩平衡，所以可以轻松应对这种持续变得复杂的照明情况。由于需要太多的估算和猜测，色彩平衡对于胶片来说从来不是一个容易解决的问题。在使用胶片拍摄室内和夜晚照片的时候，我强烈推荐使用色度计，虽然它所获取的数据也并非完全准确。现在，数码相机屏幕上的实时取景能够极大程度地避免错误的设置，自动白平衡也能应对大多数的光照条件。此外，在后期制作的过程中，我们也可以进行细致的色彩校正。如果我们拍摄RAW格式文件，白平衡也可以在拍摄之后进行选择。RAW格式文件的特别优势在于白平衡等设置是独立于曝光信息存储的，因此可以在拍摄之后进行处理。

总而言之，数码摄影让使用人造光源拍摄照片从苦差事变成了一种享受，不论感光度ISO还是白平衡，数码相机都可以立刻更改其设置。在拥有这些选项和处理能力以后，我们就有足够的自由去选择相机自己想要的照明效果，尤其是白平衡。在自然光下使用胶片相机拍摄多年以后，我对"真实感"产生了一种兴趣，甚至是一种需求。正是这个原因，城市夜晚的街道有橙色的灯光，超市有蓝绿色的色调才会让人信服。当以数码的方式处理偏色有了如此高的自由度之后，一切都有了一点儿"伪现实主义"的色彩，但是这至少会强迫每一个摄影师去思考对场景进行色彩中和的必要性。毕竟在拥有日光的世界中，很少有人会考虑中和日出或日落时美丽的橙色光芒。

白炽灯

像

白炽灯这样传统的人造光源是通过"燃烧"来进行照明的。我们首先使用蜡烛，随后是煤油灯，后来是托马斯·爱迪生于1879年第一次成功发明电灯。电灯需要灯丝在燃烧的时候不能燃尽，而钨丝恰好能够满足这种需求（爱迪生发明的电灯其实使用的是碳化棉缝纫线，钨丝灯在1906年才出现）。因为灯丝几乎呈惰性，所以钨丝灯能产生几乎纯净的（而不是相对的）色温。为摄影照明设计的灯泡有3200K的恒定色温，但是家用灯泡会有较大的区别，其发出的光线基本上都会偏红，换句话说就是它们的色温较低。这些灯泡的色温会随着灯泡"燃烧"时温度的变化而改变。一个60W的灯泡相比40W的灯泡拥有更高的色温（橙色更少）。

灯丝为钨丝的灯泡依旧是家用室内照明的主要选择，虽然这种电灯已经渐渐被大型空间和公共室内空间所抛弃。

数码相机能够对这一范围的色温进行完美的调整。所有相机至少都有一种白炽灯白平衡设定，更高级的相机还允许色温的上下调整。白平衡菜单里的自动设置可以作为替代选项。拍摄RAW格式文件能够让我们将对白平衡的选择推迟到后期制作中，在这个阶段所有的设定都可以按照我们的需求进行改变。但是，对家用照明进行完全的白平衡校正并不是好的选择。看照片的人会认为室内的照明显得"温暖"，从实际的角度来说是偏黄-橙色。更重要的是人们会更偏爱这样的效果（请参考第36～37页）。在使用色温为3200K的白平衡设置时，家用白炽灯在照片中的效果就和下图中的当代室内设计效果一样。

家用白炽灯的另一个主要问题是灯泡通常在视野之内。通常情况下，如果画面中存在几个白炽灯，使用广角镜头拍摄的室内照片就会拥有很高的对比度。白炽灯通常是这种环境的主光源，这是对室内使用补光（请参考第208～209页）的原因。另一个选择是在使用补光的情况下，对照片使用HDR技术（请参考第136页）。

白炽灯灯光和日光对比

使日光照射到室内通常是为了平衡室内的白炽灯灯光，这未必是不好的。当然，最关键的是判断哪一种光线的色温更为重要。在这个印度的当代室内环境中，如果选择3200K，那么日光就会偏蓝色。

在这个例了中，这样的选择有利于拍摄，因为它对室内设计中已有的蓝色进行了增强，而且并不会产生喧宾夺主的感觉。

装饰性白炽灯

相比很多其他类型的家用室内照明设备，白炽灯的使用更偏向于装饰而非照明。吊灯也许就是最典型的例子，这样的例子数不胜数，如海滩度假村墙上的灯具。这样的装饰性用法让选择理想色温（通常我们会保留一些暖色调）和保留高光的曝光选择变得更加重要。在这个例子中，灯具下方的区域可能会曝光过度，但是我们必须保留棕榈树蜡纸画的细节。

对补光的需要

在很多内部环境中，白炽灯出现在画面中是不可避免的，当然这些灯光经常是画面的重要组成部分，就像这个中国香港的酒店大堂区域。为了平衡画面中灯光所产生的高对比度，我使用了两盏600W的摄影灯从相机背后向墙上照射过去，从而通过反光来为前景补光，并将白平衡设置为3200K。请注意整个场景被有意地保留了一些琥珀色的色调，这也是家用白炽灯通常给人带来的视觉感受。

灯泡的性能

照明的性能以lm/W为单位进行测量。白炽灯通常性能较低，大约为17lm/W，但是能产生出大量的热量。

灯泡类型	光通量/lm	照明性能（lm/W）
100W白炽灯（钨丝灯）	1700	17
1000W白炽灯（石英卤素灯）	25000	25
600mm 30W HP荧光灯	2500	83
1200mm 40W HP荧光灯	3500	87.5

白炽灯

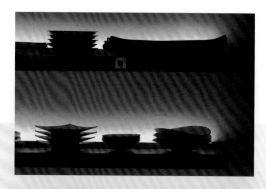

白炽灯

灰场问题：后期校正

因为大多数家用白炽灯和其他非摄影用白炽灯的色温在3200K以下，选择相机内的白炽灯白平衡会给照片带来橙色的偏色效果。我们也许需要一些这样的暖色调（请参考第36～37页），除非我们拍摄RAW文件，否则对色彩进行完全的中和不会那么容易。这张日本寿司店架子上的陶器的照片展示了色相在不同亮度范围下的变化，这在很大程度上也取决于使用的相机型号。

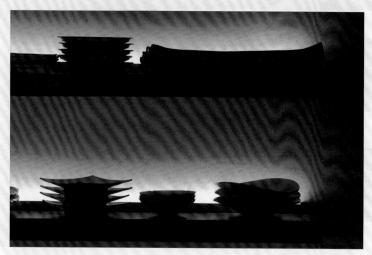

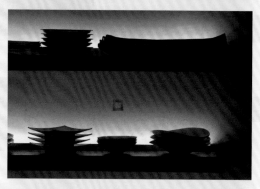

灰场的选择

在 Photoshop 的色阶中，用灰场滴管点击照片的不同地方会产生差别很大的结果，但没有一个能让人满意。选择的点为图中红色方格的区域。

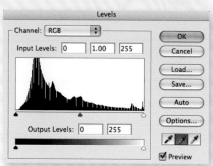

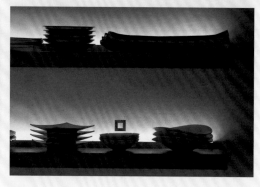

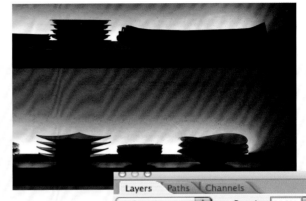

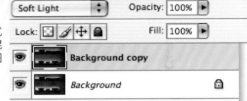

在图层上替换颜色

在偏绿的黄色到深棕色的色相范围内，没有任何手段可以进行调整，除非降低全图的饱和度。但是，我们可以先复制一个图层，然后通过使用图中的红色方格区域大幅降低饱和度。

Duplicate Layer

Duplicate: Background
As: Background copy
Destination
Document: 17967.43.TIF
Name:
OK Cancel

图层混合

使用柔光混合模式将被改变的图层混合，进而移除原图中抢眼的橙色。

改变色相

在同样的替换颜色的对话框中，我们接下来要将色相移向蓝色。
在这个选项，以及色相、饱和度、亮度的选项下进行色相调整会产生很强的效果，因此在图层上进行调整非常重要，可以在调整之后再进行图层混合。

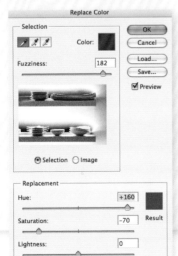

提亮阴影

最终，我们需要对最上面的图层使用阴影/高光工具，并尽可能地提亮阴影，从而抵消柔光混合模式造成的阴影变暗。

白炽灯

荧光灯

在人造光源发展的过程中，荧光灯紧随白炽灯出现，并且在数10年前就开始抢占白炽灯的市场，这主要是因为荧光灯有更高的能耗率。

荧光灯灯泡（通常为灯管）的工作方式是对一个密封玻璃封套中的气体进行放电；涂在玻璃内部的荧光剂由此被激发并发光。荧光剂的成分为化学荧光粉，而它的成分就决定了它发出的光在光谱的哪个部分。很重要的一点是，每种荧光粉只能发出一种光谱色，看起来就像是光谱图上的峰值。通过组合几种不同的荧光粉，灯泡制造商就可以创造出发出白色光线的灯泡，但是这实际上只是几种峰值的组合，而不像太阳或者白炽灯那样以连续光谱的方式发光。在这种光源下拍摄可能产生的问题是，虽然我们的眼睛能很好地适应这种光源，但是我们的视觉

作为一个非黑体光源，荧光灯发出的色温范围不符合正常的色温范围，其颜色偏绿。

沐浴在荧光灯中

东京的一个公共展区内使用了荧光灯作为地板和天花板的照明，因为使用了隐藏的设计，荧光灯的类型不得而知。我尽可能地避免让照片过于中性，否则照片看起来会很呆板，因此我选择了能够让这个场景很酷、很有科技感的白平衡设置。

光谱中的峰值

除了为摄影精确而设计的荧光灯，一般的荧光灯发出的光在光谱内是不连续的，其峰值一般都为蓝色和绿色，且通常缺少红色。右图中的某种知名荧光灯的发光光谱与日光的光谱有着明显的差别。

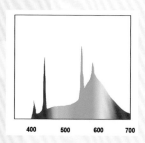

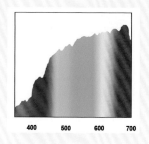

感受和胶片或数码传感器拍摄的照片并不一致。使用标准的荧光灯拍摄的画面会偏绿色，但是实际情况可能会有很大的偏差且偏差量很难预测。对于荧光灯（与摄影用的平衡色温荧光灯不同），有两个问题可以确定，首先荧光灯的效果一直都很难预测，其次是我们无法通过白平衡设置获得完全自然的效果。这并不代表我们无法实现这样的目标，而是需要我们进行额外的工作。

幸运的是，相比胶片，数码相机通过白平衡设置对荧光灯的特点有更好的宽容度和适应性。此外，液晶屏幕上的预览立刻就能告诉我们设置的正确与否。但是不论如何，因为荧光灯光谱的不连续性和限制性，帮场景恢复全部的色彩范围可能是一项不可能完成的任务，就算通过后期制作也无法完成。不论色彩平衡多么出色，很多由荧光灯照射的场景都会让人觉得色彩不足。这是现实，而非一个问题，因为超市和开放式办公室的照片看起来都是这样的。全光谱荧光灯提供了很高的显色指数（CRI）和相关色温（CCT），它发出的光线很像日光，但是这样的荧光灯基本只会在摄影棚里使用。

后期校正

我们可以通过几种不同的方法来校正拍摄时不准确的荧光灯白平衡设置。

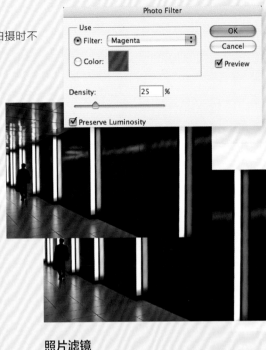

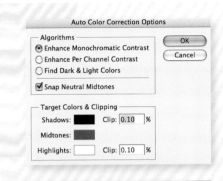

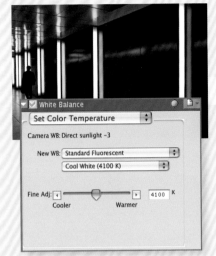

RAW 重新选择

使用日光白平衡设置拍摄的东京地铁的照片偏向典型的绿色。RAW 窗口允许我们对相机的原始设置进行改变。

照片滤镜

如果原始照片拍摄格式为 TIFF 或 JPEG，最直接的解决方案是使用相对互补色相的滤镜。这需要我们有一定的经验。在这里我们可以看到，绿色的相对互补色相是洋红色，Photoshop 的照片滤镜中的两个选项——浓度和保留明度能够让我们对白平衡进行进一步的微调。

对齐中性中间调

这种方法是这个例子中让人不太满意的做法，即在色阶的选项里选择"对齐中性中间调"。

白平衡的变量

对于一般的荧光灯来说，它的色温会根据电源周期的改变而改变，而电源周期和供电有关。一般的交流电的频率是 50Hz，也就是说它从 0 增加到最大值所用的时间为 1/200 秒。我们的肉眼不会注意到色彩的变化，但是如果快门速度高于电源周期，我们就可以看到类似下图中灰卡上的色彩变化。

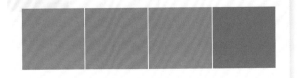

相机内的选择

这座寺庙里，信徒阅读诗歌时使用的唯一的照明工具是一盏类型未知的荧光灯。相机提供的不同的白平衡选项要求我们对荧光灯有一些拍摄经验。即使我们有机会去查看荧光灯的类型，更快的方法依旧是调整相机的白平衡设置。同时因为灯泡会随着老化而改变色彩，这样的方法也更可靠。如果拍摄 TIFF 或 JPEG 格式文件，我们需要足够的时间尝试所有的白平衡设置；如果拍摄 RAW 格式文件，所有这些选项在后期制作中都可以选择。

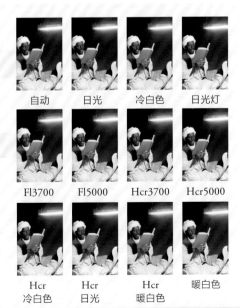

蒸气放电灯

和荧光灯一样，蒸气放电灯这类高输出照明工具通过气体进行放电并由镇流器控制。这种照明设备也拥有摄影用的版本（镝灯），但是城市和体育场中使用的这种灯通常具有不自然的发光光谱。从很多角度来看，使用数码相机拍摄这种灯光的方法和荧光灯一样，就是要尝试不同的白平衡选项，最佳的方法是拍摄 RAW 格式文件，然后通过后期制作来处理色彩上的不平衡。

这是另一种使用更为广泛的灯，它们通过金属卤化物放电形成非黑体光源，而使用的金属则决定了光线的色彩。

混合蒸气灯和水银灯是目前最常见的类型，它们被使用在体育场、停车场和其他大型空间中。它们在视觉上通常为冷白色，但是在传感器（或胶片）上记录时，它们强烈地偏向蓝色和绿色。RAW 格式文件绝对是最佳选择，因为我们能够在后期制作时对它进行校正。如

通过后期制作中和偏色

按照我们之前的描述，后期制作中有几种不同的技术可以用来平衡近于中性的色彩，但是我们必须判断照片中哪些部分为中性。在这张计算机制造厂无尘室的照片中，工作人员戴着的帽子是蓝绿色的，而需要平衡的主要色调是白色工作服上的阴影部分。

果有足够的时间，我推荐的白平衡选项是预置，这样我们可以对白色或者中灰色的目标进行测量（请参考第 83 页）来获得预置的值。或者，选择自动白

降低色彩的饱和度

蒸气放电灯所产生的一种常见的效果是，在后期制作中进行色彩平衡以后，照片都有整体色彩偏淡的效果，相比其他照片更有单色调的感觉，就像这张罐装厂的女检查员的照片。

城市的夜晚

蒸气放电灯特有的蓝绿色的冰冷色调在这张照片中得到了认可，因为它"真实地"展示了夜晚的氛围，最好的做法是不对色彩进行校止。

钠灯照明

这是位于印度的一处宫殿，建筑前的草坪上使用了一排向上的钠灯进行照明。这种黄偏绿的偏色情况在胶片和数码传感器上非常常见。毫无疑问，我们需要对光谱进行拓宽，因为没有任何其他东西需要复原。最好的方法是在后期制作中按照一张单色调的照片来进行处理。使用Photoshop的替换颜色命令是一个很好的选择，但是仅仅对色相进行偏移是完全不够的，甚至在某种情况下，我们需要接受原始的偏色。

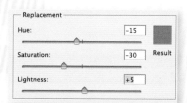

饱和度和亮度

在修正偏移色相的同时降低饱和度并略微提高亮度可以减弱偏色的效果，虽然整体还是缺乏其他色彩，但是石砖的颜色和我们知道的被日光照射的石砖的颜色已经很接近了。

最终图

原图

未校正的原图

照片存在黄-绿偏色，这既不让人喜欢也不准确，建筑的材料是砂岩，在日光下的颜色应是棕灰色。

色相偏移

使用替换颜色命令时，我们需要对色相进行偏移，但是选项的限制让我们只能选择色环上相邻的色相。将色相偏移至红色有一定的帮助，但是照片依然有被过度过滤的单色调的感觉。

平衡可以让我们之后再做选择。在后期制作时简单地使用灰场滴管或者自动色阶就有可能达到色彩平衡，但是这取决于灯泡发光光谱的覆盖情况。如果还有未平衡的区域，则可以使用Photoshop的替换颜色命令（位于"图像">"调整"菜单中）。

钠灯有非常强的特性且容易辨别，因为它发出的光线完全被限制在光谱的黄色部分。它常用作路灯或某种形式的泛光灯。钠灯的本质决定其无法被校正，因为它的光线缺乏光谱的其他部分，被它照亮的区域也呈现单色调。但是这并不代表我们不能通过后期制作让照片看起来正常一些，请看本页上面的例子。

混合光源

当代室内设计开始越来越多地使用两种及以上我们已经讨论过的人造光源同时进行照明，这让对光源的选择越来越复杂。更糟糕的是，荧光灯和蒸气放电灯奇怪的色彩平衡让这种本已十分复杂的情况变得更糟。好在这种趋势和数码摄影的普及相一致，我们可以通过拍摄时恰当的色彩设定和后期技术的优化处理来应对这种状况。我们需要知道的是，任何情况都可以被校正，只不过需要时间和技术。

第一个要考虑的问题是平衡整张照片的色彩有多重要。如果这个问题看起来很奇怪（"色彩当然需要被平衡"），那是因为彩色照片需要有几种不同的色彩。另一个问题是单色调（如单色灰、单色蓝、单色红等），而过度失衡的白平衡会使画面产生一种略微沉闷的感觉。观众对不同光线在感官上的预期（有时被称为"真实性"）会让这个问题更加复杂。观看了数10年没有经过校正的照片和电影以后，观众已经产生了对家用钨丝灯和荧光灯的效果的期待。光源的混合正是对这种期待进行了"满足"。

在混合光源的设置中，我们有3种策略可以采取。第一种策略是进行妥协，尽可能寻求白平衡设置的整体平衡，这会导致画面中某些近中性的色彩的偏色，但是画面会有一种整体平衡的美感。这正是相机中自动白平衡设置所尝试达到的效果。第二种策略是选择画面中需要中和的色彩，并允许其他色彩保持相对的偏色。第三种策略是选择性处理，只对特定范围内的色彩进行处理，让画面中的其他部分保持原样（这只能在后期进行）。请查看下页的照片来了解运用不同方法所获得的不同结果。

随着不同种类的光源的不断出现，我们需要学会如何应对这些肉眼不容易看见的色彩的混合。

不介意了

回到另一个问题："这有必要吗？"，通过很多令人信服的证据，很多人认为基本的日光白平衡设置完全不需要调整，或者只需要很少的调整。显然，这是一个就事论事的问题，但是就像这张拍摄早期的粒子加速器的照片，照片中蓝绿色（蒸气放电灯）和橙色（白炽灯）的互补给画面带来了一定的美感。

中和色彩的不同手段

一个照明环境，3种不同的处理方式：一个由日光和蒸气放电灯（色温未知）混合照亮的办公室环境。

原图

自动白平衡

这个相机内的白平衡选项会对画面整体进行分析，并尝试使画面中的所有色彩达到平衡。

阴天白平衡

在这个例子中，我们被迫将相机的白平衡设置为阴天，这样能够准确平衡从窗户照射进来的日光。

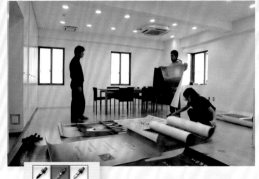

设置中性1

现在开始讨论后期选项，在Photoshop的色阶对话框中，对画面中的一部分（以红色方格标注）使用灰场滴管。

设置中性2

画面中有自动变量，使用Photoshop在画面中找到一个平均的近中性的色彩，然后让它成为绝对的中性色（RGB 128）。

替换颜色

替换颜色是后期制作中更精细、更有交互性的方法，包括选择一个突兀的非中性色并只对其进行中和。对话框中的选择允许我们为选择的色彩在色相光谱中调整它的"宽度"，单色调的预览窗口可以告诉我们画面中被修改的部分。我选的修改点和之前使用灰场滴管时的修改点一样。

混合光源

混合光源

购物中心

　　这个例子是一个标准的公共场合的照明环境：一个新的购物中心，布满玻璃、反光面和大量未知类型的不同光源。由于这种场景较为复杂，所以为拍摄制订计划是必要的。在拍摄时做出正确的决定，可以保证拍摄的效果。这个例子中有两个正确决定：一、拍摄RAW格式文件来实现最大程度的后期色彩调整；二、使用自动白平衡来获得大致正确的色彩（通过后期制作的自动计算不能获得同样的效果）。

日光白平衡

在拍摄之前，我们尝试了其他选项并通过相机的液晶屏幕进行了检查。结果让我们有些惊讶，日光白平衡下产生的强烈的橙色偏色，说明场景中可能有大量的白炽灯……

拍照时选择的自动白平衡

这张照片是RAW格式拍摄的。这种设置是相机（尼康D2x）提供的最暖色调的自动设置，虽然结果偏黄，但是是所有选项所对应的拍摄结果里最能让人接受的。

白炽灯白平衡

日光白平衡使我们产生了错误的认识。将白平衡改为白炽灯以后，照片产生了绿色的偏色，完全没有任何改善。

荧光灯白平衡

这里使用的是荧光灯白平衡，偏色的问题现在转向了粉色。

第3章　人造光源

Set Color Temperature

Camera WB: Auto −3

New WB: Calculate Automatically

Fine Adj: ◄ ──────●────── ► 4200 K
Cooler   Warmer

后期自动白平衡

这个有趣的例子展示了自动白平衡也可以很有效。后期制作的时候，在尼康Capture Editor（生产厂商的软件）中对RAW文件使用自动白平衡，效果完全不能和原图相比，这也是目前效果最差的版本。

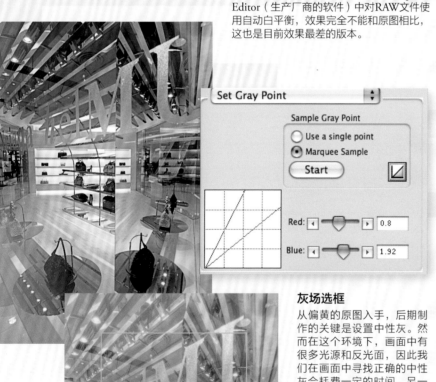

Set Gray Point

Sample Gray Point
○ Use a single point
● Marquee Sample
[Start]

Red: ◄ ──●── ► 0.8

Blue: ◄ ──●── ► 1.92

灰场选框

从偏黄的原图入手，后期制作的关键是设置中性灰。然而在这个环境下，画面中有很多光源和反光面，因此我们在画面中寻找正确的中性灰会耗费一定的时间。另一个方法是寻找一个范围较大的平均灰色区域，我们可以选择选框取样选项。虽然画面中的一些特定区域还存在绿色和蓝色的偏色，但是整体效果得到了很大的改善。

Replace Color

Selection
[OK] [Cancel] [Load...] [Save...]
☑ Preview
Color: ▢
Fuzziness: 100

● Selection ○ Image

Replacement
Hue: −20
Saturation: 0   Result ▢
Lightness: 0

替换颜色

最后一步是通过Photoshop的替换颜色命令来改变画面中不同区域的绿色偏色。我们的目标是中和这些偏色，所以需要谨慎操作，因为我们最终还是希望得到一张彩色而非单色的照片。出于同样的目的，我选择不处理蓝色的偏色（那些由少量的日光照射进来所产生的面积较小、强度较高的点）。

混合光源

第4章
摄影照明

从光线和灯光的角度来看，我们可以把摄影分为两类，而这两类也有一些交集。其中一类摄影的拍摄主体是事物本身，如报道纪实、风光、野生动物和自然景物；另一类摄影是通过创造、组织和安排来进行创作，这包括所有从人像到静物在内的在摄影棚内拍摄的照片。这两类摄影在概念上是不同的，可通过照明在逻辑上区分。我们可以说这两类摄影的区别也正是"光线"和"灯光"的区别，前者给予，后者创造。

各种摄影灯具的范围还在继续增长，尤其是因为电影和电视行业需要持续照明设备（而非闪光灯）进行创作，这两个行业为技术发展提供了资金支持。在最近几年，日光镝灯越来越流行，而照明灯具也变得越来越专业。现在有大量不同的漫射光灯具，它们具有微妙的区别，而在用作灯光的基础上可以更准确地创造集中的、准确投射的照明效果。这些内容都会在本章和第6章进行讨论。

很多灯具及其配件的改进不仅仅为了实现更高的效率，同时还为了迎合流行的照明风格。每当一个或一组摄影师对灯光的设计进行重大改变的时候，其他摄影师就会追随这个潮流，这也包括了巨大的业余摄影师市场，因此灯光设备的生产厂商会根据市场需求调整他们的产品范围。在早期的美国时尚摄影行业，德·迈耶（De Meyer）通过柔和过滤的背光照明所创造的浪漫阴霾和炫光非常受欢迎；之后在20世纪30年代，诸如爱德华·斯泰肯（Edward Steichen）这样的风格清晰、视觉技术活跃的摄影师通过全方位使用大量溢光灯让这种风格变得很常见。另一个例子是在20世纪70年代中期，有一些摄影师将环形闪光灯运用在时尚摄影中，而这种灯本来是为了微距摄影而设计的。很多特殊照明风格拥有的共同点是，这些快速消逝的风格只是很多摄影师对当时风格的厌倦而做出的刻意应对。因此，摄影灯光的设计和时代的风格有着千丝万缕的联系，这一点我们将在本书的第6章进行讨论。

机顶闪光灯

相机上的闪光灯毫无疑问是使用最广泛的摄影灯，但是它作为正面位置的小型灯受到了一定的限制。它在纪实报道和即兴环境等总体光线不受控制的情况下有着极大的用处，但在很少的情况下是正式人像和静物摄影的首选（请参考第200页的正面照明的内容）。因为其便携性，尤其是自动的功能，机顶闪光灯在提供即时、简单的照明方面有着自己的优势。但也正因为这样，机顶闪光灯无法提供微妙的效果，而它们较低的功率也常常成为拍摄时的问题。此外还有两个问题。第一个问题是在远离相机的地方，光的亮度会迅速下降，因此只有在特定的距离之内才能拥有准确的亮度；任何近距离的物体都可能曝光过度，而更远的背景部分则会全部处于阴影之中。拥有内置闪光灯的数码相机会通过几种不同的方法来解决这些问题，包括通过与对焦信息相连来测量拍摄主体的实际距离，以及改变光束的扩散角度来匹配镜头的焦距，但是不论如何，前景都会曝光过度，而背景则会曝光不足。第二个问题是这种比较平整的光线不适合多个拍摄主体，还可能产生红眼反光（闪光灯发出的光线在虹膜上发生反射）。通常情况下，这些效果真的会让人厌烦，但是在某些特殊情况下，迅速的亮度落差可以用于分离拍摄主体。

便携式闪光灯的基本用途是作为备用的照明用具，能够帮助我们在光线不充足的环境下拍摄照片。在新闻摄影和纪实报道的工作中，对主体的拍摄通常比创作构思更加重要，如果使用机顶闪光灯是拍摄照片的唯一方法，那么照片的缺陷就只能被接受。它还可以用来补光，能够减弱阴影和高光过高的对比度。例如，背光的拍摄主体通常有很高的对比度，如果保留阴影的细节十分重要，我们就需要一些额外的光线。用闪光灯补光时若想获得最真实的效果，就需要使用相对较低的输出功率，这样才不会在效

在机内或机顶的闪光灯是最方便的摄影灯，但是它们能够帮助我们获得可以接受，但是通常略显乏味的效果。

运动轨迹
这张照片展示了很明显的运动轨迹，但是拍摄主体被瞬间发出的闪光灯光线固定，这比环境光的曝光要快得多。

机顶闪光灯的优缺点

优点	缺点
方便，体积小	依赖电池
和相机相连，程序简单	正面光，缺乏层次
当环境光不足时，可以保证紧急情况下的拍摄顺利	可能造成背景曝光不足，前景曝光过度
可以实现有趣的特殊效果，如后帘同步的慢动作	不能预览效果

果上喧宾夺主。一般的闪光灯光线和日光的比例应该为1：3或者1：4；如何实现这样的效果要看具体使用的闪光灯。

解决正面照明缺乏层次的问题的方法为反射闪光或离机闪光。如果在拍摄位置附近有一片面积较大、色调较浅的物体表面，如白色天花板或白墙，我们可以将它作为反光板用来柔化灯光，将闪光灯对准该表面而非拍摄主体就可以达到这样的效果。闪光灯的灯头可以俯仰和旋转就是出于这个原因。将闪光灯通过引闪线进行离机闪光是改变闪光效果的另一个方法。还可以通过使用红外线或无线电将其他闪光灯组合相连来获得多盏灯的效果，但是如果这样做就不能算在讨论机顶闪光灯的范畴之内了（请参考第86页的混合光源，以及第184页的补光和反光板的相关内容）。新一代的专用闪光灯可以在不用引闪线的情况下使用多个闪光灯，从而创造更复杂的闪光灯布光组合。

后帘同步是机顶闪光灯对摄影照明做出的真正的贡献，在使用这个功能时，机顶闪光灯会在长曝光结束的时候进行闪光，它的目的是组合环境光（在相对较暗的环境下），实现清晰可辨的闪光灯效果。闪光灯可以使任何物体"停止"移动（不论是拍摄主体还是相机本身），闪光效果可以非常吸引人，就像这里的例子一样。

后帘同步
快速观察照片中的手电筒就可以知道拍摄主体在整个曝光过程中的移动轨迹，在曝光结束时的闪光固定住了拍摄主体。

便携式闪光灯的优缺点

优点	缺点
在没有固定电源的情况下提供强照明	需要充电；可能对拍摄造成限制
为拍摄现场提供接近影棚灯质量的照明	一般不能预览效果
容易设置多灯布光	相比一般的机顶闪光灯体积更大
	价格相对较高

电源供电闪光灯

影

对于很多专业的影棚摄影师来说，他们选择的灯具通常是高输出功率的电源供电闪光灯，这种闪光灯能够最大限度地使用塑光配件。

棚闪光灯的作用和便携式闪光灯大致相同。为了配合更高的功率，影棚闪光灯的灯管必须比便携式闪光灯的灯管大很多。在影棚闪光灯中，灯管一般为环形，一般来说在这个环形灯管中间是一个白炽灯。这个白炽灯被称作造型灯，能够帮助摄影师在拍摄主体周围移动灯光时判断灯光的大致效果，或者降低灯光的强度。在摄影棚中，可移动性并不重要，而多功能性和功率则十分被看重。最小的影棚闪光灯的功率大约为100W（焦尔），这和最大的便携式闪光灯的功率相同。一个大的摄影棚使用的电源供电闪光灯的功率可能会比这个数字大200倍。电源供电闪光灯主要有两种设计：拥有独立灯头并通过电缆连接电源组的闪光灯，或"自给自足"，全部组件都在一个外壳内（通常被称为单灯头）。前者的优势是它可以通过一个控制面

板对闪光灯进行不对称的功率分配，同时灯头较小，可以轻松地摆放在不同的位置。摄影棚地面上的控制单元里包括电力供应设备（如电容器、变压器和其他电子元器件等），只有闪光灯、反光板和造型灯需要安装在灯架上。

单灯头在一个单一的外壳内集成了所有组件：闪光灯管、造型灯和反光罩在灯的前部；电容器、变压器和电子元器件在中间；控制面板在后部。这种闪光灯极为便携，是外拍和影棚内工作的理想选择。它的主要缺点在于不太稳定：装在灯架上的时候，单灯头有时会强烈地摇动，如果有人被电线绊倒就会导致很严重的后果。

在有了一定的经验以后，在一个环境完全可控的影棚中，我们通常可以根据感光度、每个灯头的功率、每个光源的漫射程度及其他的相关信息，对正确的曝光进行比较准确的估计。闪光灯测光表也能提供一些帮助，此外，我们还可以根据照片的直方图来对曝光情况进行衡量和评估。

闪光灯凝固影像

拍摄快速的运动时，例如近距离拍摄倾倒的液体（这个例子是在简单的静物布景中拍摄梅斯卡尔酒）时一般需要使用闪光灯凝固影像的功能。但是请注意，闪光灯灯管越大，脉冲就越慢。这张照片还说明了影棚闪光灯的第二个优势，即色彩准确性：即便在从白色到中灰色大范围过渡的情况下也能获得中性色彩的能力。

影棚闪光灯灯头

　　影棚用的标准闪光灯灯头能够搭配使用大量不同种类的反光配件、漫射配件和其他配件。同时有很多不同的灯头可供选择。

闪光灯灯管

在环形闪光灯中，灯管为一个直径较大的环形（宽度足以让相机镜头从中穿过）。因为灯管能够完全环绕镜头，所以这些灯头能产生在时尚摄影领域周期性流行的无影照明效果。

小型灯头

小型灯头适用于光源必须被隐藏的情况，例如藏在一个房间布景的台灯之中，有非常小的灯头可供摄影师选择。它们只比功率为150W的室内照明灯稍大，且没有造型灯的功能。

多种影棚闪光灯

遮光板、半透明柔光箱和反光伞非常常见。

条型灯

条形灯拥有较长的灯管，但是灯管都是直的，且通常长1米（约为3英尺）。条形灯能在其长度覆盖范围内发出均匀的光线，因此是给摄影棚背景布光的最佳选择。闪光灯灯管旁的荧光灯灯管是作为造型灯使用的。

反光伞

反光伞是摄影师的经典塑光道具，其极为便携而且能够有效地产生漫射光。

大功率灯头

大功率电子闪光灯灯头使用的是特别加长的闪光灯灯管，灯管呈短螺旋状，可以配合多种不同的供电方式来提供照明。这些灯头配有功率更大的造型灯和冷却风扇。

电源供电闪光灯的优缺点

优点	缺点
强力的照明效果，可完全控制照明	预览所用的造型灯功率太低，与长明灯结合使用时无法保证预览效果
温度较低（能确保使用的舒适性、安全性和避免某些物体融化）	相对比较昂贵
凝固动作	体积比较大
针对日光的色彩平衡；能和日光完美结合	
准确一致的色彩	

摄影白炽灯

白炽灯"所见即所得"的特点，是它在专业摄影师群体中拥有大量用户的原因之一。当差别特别细微的时候，造型灯和它搭配的闪光灯灯管没有差异就显得十分重要了。特别是白炽灯可以很轻松地将光束集中：形成平行光或者根据需要形成聚光。

"热"灯长期以来是摄影和摄像的主要灯具，拥有大量的成熟照明设备。

在使用闪光灯的时候这也是可以做到的，但是造型灯的光束几乎无法和闪光灯光束的形状达成一致（请参考第214页"让光线更锐利"的相关内容）。与闪光灯相比，白炽灯在这方面具有天然优势，不同种类的白炽灯就更为特殊、变化更多，同时也更依赖不同的适配器。

大多数白炽灯是针对电影和电视行业设计的，电影和电视显然需要持续光源。这些行业使用的主要设备被称为照明灯（或射灯），它们拥有内部对焦结构，在前端使用菲涅尔透镜。体积较小且没有菲涅尔透镜的灯称为红头灯，它们使用轻量的铝合金铸造外壳（漆成红色），内部固定有反光罩，灯后方的旋钮能让灯具在反光罩内部移动。灯具向前移动时，能形成更宽的光束；灯具向后移动至反光罩的中部，能让光束变得更窄。红头灯通常拥有650W的功率，但是有一种更大的配有冷却风扇的版本具有2000W的功率。其他种类的灯具都有自己独特的优势。Tota灯是小型便携的灯具，能够使用不同电压的灯泡，所以非常适合旅游时携带；视频灯能产生非常强大的光束，同时它们可以手持，在使用可充电电池的情况下能运行长达半个小时。

然而聚焦灯不能依靠本身来产生柔和的照明效

陶瓷灯

全新的低温3200K灯具提供了很好的冷色备选。阿莱（Arri）X陶瓷灯使用了全新的飞利浦陶瓷灯泡，它属于混合类型灯（以钨丝灯为色温平衡的热触发放电灯）。它的低能耗也就意味着它有较低的工作温度，照明输出的损耗也相对较低，它很适合出于产品和材料的原因需要保持低色温的布景。它像其他蒸气放电灯（参考日光镝灯，第98～99页）一样使用镇流器，且镇流器已经安装在其灯具之中了。

果，需要使用一些反光罩。此外，还有反光碟和其他配件可以选用，我们将在后面的内容中对这些配件进行探讨（请参考第106～109页"反光罩和漫射配件"，以及第110页"反光板和黑旗"的相关内容）。

条形灯
这种白炽灯的灯泡不需要传统的形状；它需要的只是一条按需求设计形状的灯丝。

使用时的预防措施

使用钨丝灯时最危险的情况是它可能会使其他物体起火燃烧。其光束虽然能够通过白色天花板的反射得以柔化，但是很快就能将油漆烤焦，如果继续下去的话，可能会使木材和墙纸起火。

钨丝灯还会消耗大量的电能，容易让家用电路过载从而引起火灾。

钨丝灯泡需要小心使用。所有类型的灯泡都易碎（尤其是当其燃烧的时候），同时需注意，卤素灯泡必须戴手套才可以接触。新的灯泡都会装在硬纸板或者塑料套中，所以可以直接装在灯座上而不会沾到手指上的油脂。如果直接用手接触安装，灯泡的寿命会缩短很多。

用白炽灯光配合日光

最有用的配件之一是二向色滤镜。这种抗热的玻璃板可以安装在灯座前面，将白炽灯光束的色温从3200K调整至5500K（即日光的色温）。因此白炽灯可以和日光相结合，使用日光平衡的胶片。我们还可以选择有相同作用的抗热凝胶（如全蓝色、半蓝色等），虽然它们的耐用性不如玻璃滤镜，但是其中一些可以同时起到漫射和滤镜的作用。在大功率的白炽灯前1～2m的位置放置一个滤镜/漫射镜，就能将光线调整成柔和的、日光色温的窗户光。

白炽灯
这里展示了几种白炽灯，其中一些带有大型柔光箱。

白炽灯的优缺点

优点	缺点
所见即所得	温度高（注意使用时的方便和安全问题）
不使用滤镜就可以为环境补光	即使很细微的移动都会造成模糊
很容易通过使用滤镜来匹配其他色温	大型灯具，非常笨重
简单、耐用、明了	灯泡极度依赖电压
	光线颜色会随着灯泡的老化而改变

摄影白炽灯

日光镝灯

从20世纪70年代起，为了满足电影院和剧场的需求，灯具制造商开始生产色温基本可控的卤化钨放电灯。蒸气放电灯通常是为了在大型公共场所提供照明而设计的，其原理是让电流通过一种混合气体来进行放电（请参考第84～85页"蒸气放电灯"的相关内容）。这些没有经过校准的灯光看起来大致为白色，但是会偏向于更容易制作的蓝色、绿色和紫色，因此光线会缺乏红色和黄色。为拍摄视频而制作的版本设计得更为仔细，能够提供更有效的照明效果。对于一般的应用，它们不使用凝胶和玻璃滤镜来进行色温校正，但是对于重要的工作，就需要在后期制作的时候认真检查拍摄的效果。品红和蓝色的偏色情况并不少见，我们推荐使用色彩目标来进行校正（请参考第118～119页"相机校正"的相关内容）。

为了更方便地和日光进行混合，另一种可选的长明灯是更加昂贵的金属卤化物放电灯。

HMI是水银中弧碘化物（Hydrargyrum Medium-arc Iodide，第一个词代表气体中的水银成分）的缩写，是一种最常用的金属卤化物。常见的镝灯类型为双头热触发灯和单头热触发灯。在工业领域，这种灯具被称为"日光灯"，且从所有使用这种灯具的目的来看，它们的工作方式类似于白炽灯，但是色温被校正为5600K（日光的平均色温）而非3200K。当一个布景需要一定的日光光源进行平衡的时候，例如一个有窗户的室内环境，或者一个日光场景需要足够的补光的时候，这种灯具的优势就十分明显了。

镝灯灯泡
左图展示了镝灯灯泡的细节，如此精密的部件在使用时需更加小心。

日光镝灯的优缺点

优点	缺点
具有除了发热以外白炽灯的全部优点	昂贵
	需要笨重的镇流器

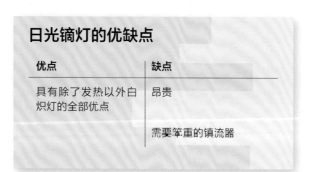

镝灯灯具
镝灯灯具的使用方法和标准的白炽灯完全一样。

镝灯

同一系列不同类型的日光镝灯，既有传统的形状，也有内置遮光板的设计。

镇流器

镝灯需要镇流器提供较高的启动电压来启动放电，然后快速地限制灯具的电流来确保放电的安全，因此使用这种灯具时需要考虑体积、重量和操作带来的限制。传统的镇流器属于电磁扼流圈的一种，它能够改变电压而非频率，而新的电子无频闪镇流器能在不同的交流电供电的情况下维持稳定的电压和频率。

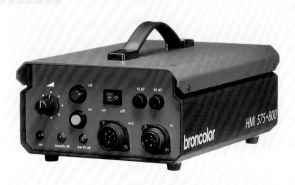

高性能荧光灯

20世纪80年代中期以前，影棚摄影的灯光选择仅限于闪光灯和白炽灯，闪光灯的优势除了能够定格运动以外，还有日光白平衡和相对较低的工作温度。而白炽灯则提供了"所见即所得"的可依赖性，但是代价是完全不同的色温及较高的工作温度。色温在过去是一个很严重的问题，但是数码相机的白平衡设置可以让相机适应任何种类的光源，剩下的就只有石英卤素灯和钨丝灯的发热问题了。

新一代的长明灯利用了荧光灯的优势，提供了冷色温无频闪的高性能照明。

高性能荧光灯没有频闪问题，能效更高，其使用的镀膜也符合数码传感器和胶片的光谱灵敏度曲线，与家用及办公环境用荧光灯相比，它完全没有输出色彩不同的问题。高性能荧光灯虽然有不同的色温可供选择，但最常见的是5500K和3200K，这样我们就可以将它和其他光源配合使用。

高性能荧光灯的灯泡可以在标准的灯罩内进行快速更换，这样就可以快速切换日光白平衡和钨丝灯白平衡。这种灯使用镇流器来进行启动和调节，而这一设计对于影棚的控制使用有着至关重要的作用。

这种灯虽然有不同形状的灯泡可以选择，例如能够环绕镜头并提供轴向照明的环形灯，但是最基本的灯泡依旧是长度从200mm（8英寸）到超过2m（6英尺）不等的条形灯。因为它的形状，它特别适合制成矩阵灯来提供柔和的区域照明，在很多情况下，这种风格的照明都是静物和产品摄影的标准选择。为了创造均匀的光线，我们可以在一组平行排列的灯后面使用凹反光板，并且可以通过使用蜂巢来减少光线的溢出，以及可以在矩阵灯前方使用塑料或纤维布制成的漫射板来对光线进行更好的控制。然而高性能荧光灯缺乏聚光能力，因此我们需要使用点光源和菲涅尔滤镜。

中小型矩阵灯

这些4灯管和2灯管矩阵灯带有内置镇流器和亮度调节功能。凹型镜面反光板可以将光线均匀地分散，还可以在可调整遮光板的外面放置轻型纤维布来对光线进行进一步漫射。

高性能荧光灯的优缺点

优点	缺点
轻薄，容易摆放	相对较贵，尤其是可更换灯管的类型
灯泡形状适合用作宽区域照明灯和条形灯（用于背景照明）	不适合用来聚光照明
周围不需要空间进行散热	
低能耗（平均能耗输出更高）和灯管寿命长	

镇流器

大型灯具使用外置镇流器；其他灯具的镇流器大多为内置。它的功能为：首先通过高电压来启动放电，然后快速降低电流来让放电维持在需要的照明输出水平。有些灯具的镇流器还能够调整亮度。电子镇流器使用高频技术，从而将灯泡的频闪降低到无法察觉的水平。

单条灯

荧光灯的直线形设计让它们成为细长灯具的理想选择。当需要从侧面对背景进行单独照明的时候，这种灯极容易隐藏，也能提供足够的照明亮度。单条灯也适合用于拍摄站立的人物肖像。

高性能荧光灯

灯架

如何将灯架放置在正确的位置是专业人士必须具备的一项技能。这是摄影行业里的体力活，它通常被忽略而没有被写进灯光理论的著作中。但是在实际运用中，对灯具和其他支架的正确选择是做好布景工作的基础，我认为在本书中通过几页的内容对市面上常见的灯架进行说明是有很必要的。实际上，我们只需要考虑

安全、方便地摆放灯具需要使用一系列的灯架、轨道和夹钳来满足不同拍摄目标和照明风格的需要。

如何在一个静物上方正确悬挂一个大型漫射光源，或者如何选择一个轻质灯架来支撑特定的灯具。在拍摄的时候，大多数灯具会被放置在1～3m（3～9英尺）的高度处，对于这样的用途总有一个品牌的产品可以满足需求。但是，灯架总是有诸多的差别和限制，比如需要将灯具安装在头顶或者地面上的某一高度处，或者放在一个受限制的空间中。灯架的重量也在考虑的范围之内。当我们需要灯光以指定的方向进行照明时，我们要考虑灯架的重心问题。无论需求如何，都有相应的灯架供我们选择，第102～105页的内容会通过图片对其进行说明。

灯架
基础灯架有不同的结构，包括简单的三脚架和滚轮。

灯架吊杆夹钳
这些负重夹具可以将吊杆固定在所需的位置，注意在使用时必须夹紧。

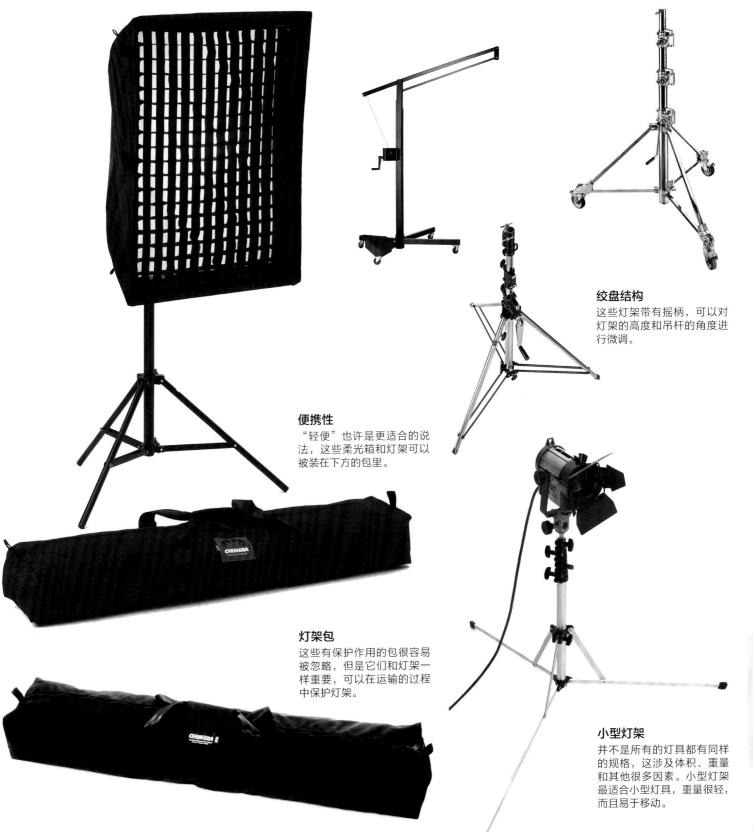

便携性
"轻便"也许是更适合的说法，这些柔光箱和灯架可以被装在下方的包里。

绞盘结构
这些灯架带有摇柄，可以对灯架的高度和吊杆的角度进行微调。

灯架包
这些有保护作用的包很容易被忽略，但是它们和灯架一样重要，可以在运输的过程中保护灯架。

小型灯架
并不是所有的灯具都有同样的规格，这涉及体积、重量和其他很多因素。小型灯架最适合小型灯具，重量很轻，而且易于移动。

灯架

灯架

超级吊杆
这种吊杆使用可延长的金属
管来获得额外的长度。

平衡配重
灯架的平衡配重并不一定需
要通过购买来获得。我们常
常能在身边找到一些物体，
只要其能保证固定的安全，
就能获得同样的效果。

基本的静物布景
利用第102～105页列出的
不同类型的器材，我们就能
设计出多种多样的布光。这
种简单的、在桌面上使用一
个轨道的布景，非常适合拍
摄易于手持的物体。

小与大
一些大型柔光箱使用比它们
的尺寸略大的天花板吊装。

各式夹具

　　将主灯架和吊杆结合使用时，各式不同的夹具能够固定不同的物体，如一根吊杆或一片漫射胶片。

臂杆、托架和横杆

灯架的结构多种多样，如何选择完全取决于我们的目的。如果要固定一片剪影遮光片（请参考第110页），我们就需要使用灵活性高、承重性更好的横杆。

灯架接头

不同的灯架接头适合不同的应用场景以及预算。

灯架

反光罩和漫射配件

灯具越来越专业，其设计也更针对特殊用途和照明效果，也有更多的灯具可以安装塑光配件。这也同样适用于闪光灯和白炽灯，而在过去，石英卤素灯较高的热量使得其无法使用一些配件，尤其是在闪光灯上常见的漫射配件，全新的抗热材料则克服了这样的问题。最基本的配件是反光罩，也被称为反光碟（请不要和第110～111页的反光板混淆），它的形状和内表面控制着光束的扩散和输出强度。

灯泡很少被直接使用，能够直接在灯头上使用的反光罩和其他塑光配件的种类也在逐渐增多。

光束的扩散程度是影响照明效果的关键因素之一，使用特定形状的反光罩是控制光束扩散的最简单的方法（另一种方法是让灯泡沿光轴移动，然后在前方放置透镜）。灯泡被固定在反光罩的焦点处，反光罩的抛物线轮廓会将光束集中。闪亮的银色反光罩的反射效果最强，能产生输出很高但是很生硬的照明效果。而亚光银色反光罩的效果就不会太生硬。反光罩越宽、反射性越低，光线就越柔和。亚光白色反光罩的效果非常柔和，但是光线的强度也相对较低。这些光线也有一些不同的称呼，包括"泛光"和"柔光"等。其优化设计是让灯泡直接对准反光罩，如在前方放置一个挡盖，这样只有反射光照射在拍摄主体上。这将能让光线更加柔和，也能让阴影的边缘更加模糊。

另一种配件从灯头位置向外延伸，通过使用半透明材料来创造更柔和的光线，其被称为柔光箱、区域灯或者窗灯（欧洲的一些摄影师甚至将大型的柔光箱称为"炸鱼锅"和"游泳池"）。如今，大多数柔光箱都可以折叠，且使用抗热材料制成，此外，使用硬质铝合金框架和半透明塑料的柔光箱也可供我们选择。

柔光箱

柔光箱可以有多种不同的半透明材料安装在它的表面，并以此来对光线进行漫射。

灯具术语

让人遗憾的是，灯具的术语是不统一的。用来区分光源和光源的载具（通常也会改变光源的输出效果）的术语在电影、电视和摄影行业并不统一，在不同的生产厂商及摄影师之间也不统一。光源，也就是大多数人所说的灯泡，有时被称为灯光，甚至是电子管或者真空管（灯泡并不是一个专业术语）；而载具可以被称为灯头、灯座、灯具、接头或者发光体。更让人迷惑的是，这些术语现在也会代表某种特定的版本。我们会发现"灯光"能用来命名全部灯具，或其中的一种灯具。

漫射材料

能够和柔光箱配合使用的漫射材料种类较多。

反光罩

当安装在光源上的时候，这些反光罩可以减少光束的宽度，以达到减少覆盖角度的目的。

45°

70°

120°

反光罩和漫射配件

反光罩和
漫射配件

束光筒

将束光筒安装在光源上，光束就能朝光源对准的方向进行集中传播（向其他角度传播的光线会被束光筒挡住）。

不同的柔光箱

柔光箱产生的漫射光很像从窗口照射进来的日光。柔光箱很容易购买，尺寸一般为150cm×150cm（60英寸×60英寸）。

反光伞

反光伞使用起来十分灵活。改变光源和反光伞中心位置的距离，光线的特质就会改变。

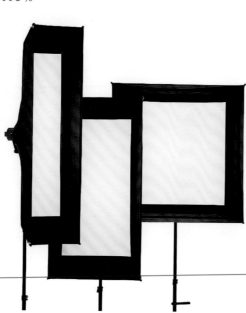

宽边柔光箱

这些柔光箱可以安装在小型便携灯具上，它们较宽的保护边是为了减少杂散光而设计的。

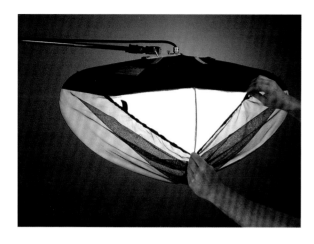

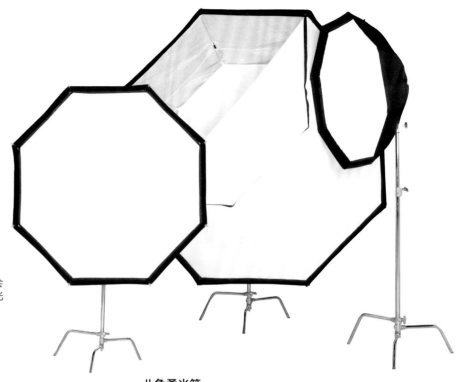

柔光箱上的纱幕

柔光箱装上纱幕以后，会将光线的亮度降低1个光圈挡。

八角柔光箱

这种类型的柔光箱拥有和反光伞一样的后部固定卡扣，从而使其能提供方便的反射与柔光双重功效。

雷达罩

大型的抛物形反光伞能提供无限的灵活性，而这种中央聚光的反光罩为时尚摄影提供了另一个选择：能够以足够柔和的方式来照亮人物面部，同时有足够的强度来强调布料的纹理。

柔光箱的深度

柔光箱可以有不同的深度，柔光箱越深，漫射光的角度越狭窄。

反光罩和漫射配件

109

反光板和黑旗

想 要柔化光源且为阴影补光的一个基本技巧是将光源背对拍摄主体，对准一个面积相对较大且足够明亮的表面，从而将足够多的光线反射到场景之中。对光束的控制和光束的扩散程度是非常重要的，但这种方法缺少了布光时所需要的精确性，因此这种布光方法设置起来非常快速、简单。任何反光配件的最关键性能是其表面的反射性，亚光白到镜面等不同材料的反射效率和柔和度都不相同。

使用反射面对阴影进行被动补光，是微距静物和户外人像等各种拍摄题材的标准补光手段。

最基本的反光配件是平板类的反光板，这种配件可以在家使用卡纸、聚苯乙烯、塑料泡沫板，甚至是床单来制作。反光板的主要问题在于它的尺寸，为了有足够的反光效率，它们的尺寸必须较大，而在较高的位置或者头顶的位置固定反光板都需要一定的技巧。因此，最常见的反光配件是反光伞，它具有可以直接安装在灯头上，且可以折叠的优势。除了不需要经常改动的影棚布光环境以外，反光配件的便携性十分重要。另一个比较受欢迎的解决方案是使用手持的可折叠圆形反光板，它通过使用有弹性的钢圈，可以折叠到更小的尺寸。

黑旗和遮光板

这些配件可以用来为镜头遮挡直射光线或大面积白色区域所造成的炫光。它们在某种程度上还可以作为减光配件使用（换句话说就是起反光板的反作用），从而为物体的边缘添加阴影。黑旗通常为黑色的卡片，通过放置在适当的位置来遮挡光线。遮光板为有合页的叶片，可以安装在光源的反光罩前方来控制光照的区域（请参考第174～175页关于透明度的内容）。

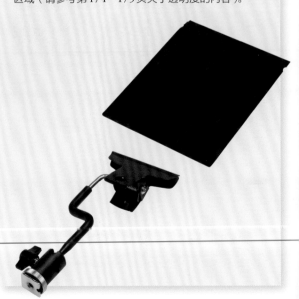

可折叠反光板

　　这种圆形的可折叠反光板可以折成更小的圆盘以便于携带，它是外景拍摄的标准工具之一。有弹性的钢圈被缝制在边框内部用来撑紧布料，我们可以按照下图所示的操作，通过抓住反光板的两侧并扭动来进行折叠。金色和铜色调的反光板可以为人像照片带来一些暖色调。

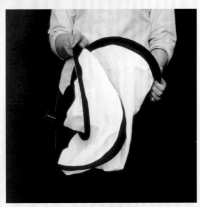

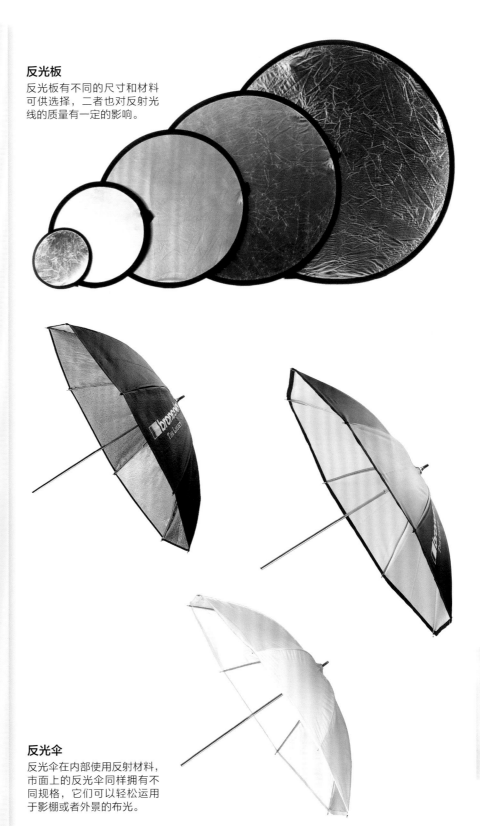

反光板

反光板有不同的尺寸和材料可供选择，二者也对反射光线的质量有一定的影响。

反光伞

反光伞在内部使用反射材料，市面上的反光伞同样拥有不同规格，它们可以轻松运用于影棚或者外景的布光。

反光板和黑旗

特效灯

接下来几页介绍的不同类型的灯具并不在任何标准类型的范畴之内，它们只是偶尔使用，可能为了创造特殊效果，也可能为了增强正常的布光效果，或者在某些情况下成为照片中的拍摄主体。数码相机能够让我们更轻松地尝试不同的光源，因为我们能立刻查看拍摄效果，减少任何不确定性。

这些灯具非常特殊，即使是非摄影用灯，也能产生惊人的不同效果。

小型从属灯

这些小型的简易闪光灯通过红外线或者主闪光灯的光线进行引闪，主闪光灯可以是相机的机内闪光灯，影棚的电源供电闪光灯，或者是长曝光摄影时使用的手持引闪器。这些闪光灯的优势在于它们可以被安装在其他普通灯具无法正常安装的位置，如下图中的老式计算机内部。

微型灯

这款正在使用的微型从属闪光灯被置在老式计算机的机箱内部。

微型 LED 闪光灯

　　使用白色 LED 的口袋型闪光灯十分常见，它们的重量很轻；我们的手机可能都会内置一个这样的闪光灯。我通常在我的摄影包里放一个这样的闪光灯用来检测传感器和低通滤镜上的灰尘，但是就像我们这里的例子，这种闪光灯也可以作为备用闪光灯使用。这张照片拍摄于缅甸的一个洞穴的深处，我当时正在进行勘察，身边没有携带任何灯具，而是拍摄题材也不是非常重要，因此不值得专程回去取灯具。当时我有三脚架，所以我只是简单地将相机的曝光模式设置为自动，然后将灯放在了祭坛上墙皮剥落的地方，接着将白平衡也设置为自动，最后拍摄的结果是可以接受的。

口袋型闪光灯
上图所展示的微型 LED 闪光灯正是在左图里的几乎全黑的洞穴中用于照明的工具。

紫外线灯

　　虽然紫外线在定义上属于不可见光，但是大多数紫外线灯发出的光线的波长都会较宽，至少有一些光线是可见的。我们的所见和照片的记录并不完全一致，但是相机传感器会使用在紫色和蓝色之间的色彩记录紫外线，这具体取决于光源的波长和曝光情况（较短的曝光时间会产生更高的饱和度）。强紫外线光源最独特的特点是它在特定材料上可以产生荧光效果。白色的布料通常会产生强烈的蓝白色，这是因为我们现在使用的洗涤剂里会特地添加荧光增白剂。其他的染料会有更独特的效果，如证券的防伪印刷。比较弱的紫外线光源，如日晒灯，在照片中会比实际观察中更偏蓝色。曝光值的测量有一定的难度，但是可以通过自动曝光开始拍摄，并在屏幕上查看效果，然后对设置进行调整。

紫外线灯
紫外线的荧光效果被使用在实验室中，用于寻找这块埃及浮雕的碎片上被修复的地方：左侧使用的是常规闪光灯，右侧使用的是紫外线灯。

特
效
灯

113

特效灯

激光

激光的波长是极其受限制的，这取决于其发射装置中使用的材料。最常见的是氦氖激光器，它能产生红色的光。正是因为激光具有极其准确的波长，所以没有任何方法能够过滤激光并改变其颜色，它的光束也是以几乎完美的平行方式发射的，几乎没有分散，然而大多数时候它是通过反射的方式发射的。为了产生明显扩散，我们可以让激光光束穿过一个透镜或者多个折射介质，如一些特定的塑料或液体。如果我们想要激光在一个表面上投射一个图案，那么在胶片上看到的结果就是由线条组成的图案。如果想拍摄光束穿过的路径，那就需要让光束穿过烟雾；烟雾中细小的颗粒会反射光束。如果在

一个很干净的环境下拍摄激光光束，我们可能无法使用烟雾，而且激光可能会灼伤比较脆弱的光学组件的表面。可替代的方法是在激光的路径上放置一张卷烟纸，然后在长曝光拍摄的过程中沿着光路移动卷烟纸；这样在卷烟纸上留下的激光的痕迹（即激光移动的轨迹）就能够被胶片记录下来。要获得准确的曝光很难，所以我们可以和拍摄紫外线光源的照片一样，以自动曝光模式开始尝试。

偏振光

和日光不同，摄影照明所用的灯泡发出的光线并不是自然偏振的。但是我们可以通过将一片偏振材料覆盖在灯头上来得到偏振光。如果可以这样做，那镜头上的偏振镜就能正常地消除非金属表面的一

拍摄激光

氦氖激光器在实验中一般作为测量干涉仪使用。为了方便在长曝光中显现激光的轨迹，场景中被注入了烟雾。使用闪光灯的曝光是在没有烟雾时另外拍摄的。

些反光。更有意思的是，正交偏振光能够展现一些塑料材料中的应力效应。要达到这样的目的，最有效的方法是使用偏振背光，将一片偏振材料放置在光源前方。偏振膜和滤镜都会减少光的强度，具体的量取决于偏振材料的类型，但是一般会各减 1.5 挡。请注意在正交偏振背光下，背景会呈现白色到深蓝紫色之间的某个色彩，这取决于偏振镜和偏振膜之间的角度。如果拍摄主体很小，背景相对较大，这就会对曝光产生一定的影响（在白色背景前还可能产生一些炫光）。

贝壳
一个表面光泽的锥形贝壳，上一页的照片是使用区域光拍摄的，而本页的照片，在使用同样的灯具的前提下，在灯的前方放置了一片偏振材料，而且镜头前方也使用了偏振镜。

特殊灯具

这些为摄影而制作的特效灯中有球灯、灯棒、Picolite 小型灯头和微型聚光灯。

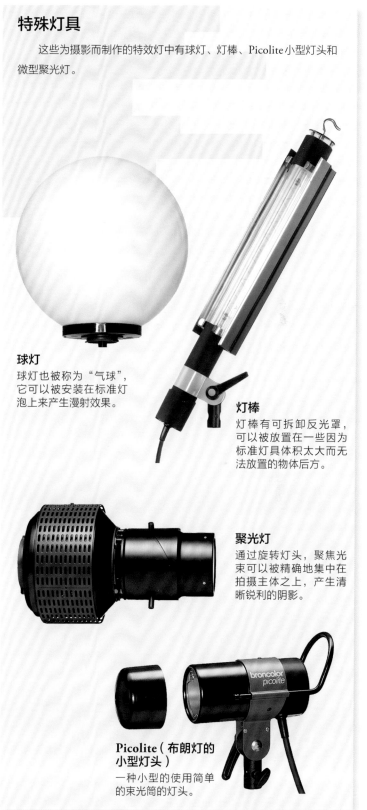

球灯
球灯也被称为"气球"，它可以被安装在标准灯泡上来产生漫射效果。

灯棒
灯棒有可拆卸反光罩，可以被放置在一些因为标准灯具体积太大而无法放置的物体后方。

聚光灯
通过旋转灯头，聚焦光束可以被精确地集中在拍摄主体之上，产生清晰锐利的阴影。

Picolite（布朗灯的小型灯头）
一种小型的使用简单的束光筒的灯头。

特效灯

115

第5章
数码光线

从伦勃朗到德加，光线对这些画家的创作起到了至关重要的作用，而摄影在传统上和绘画有着直接的联系。其中的区别在于（或者说曾经在于）画家会对光线的效果进行分析，然后通过颜料对这些效果进行再现，而摄影师则是拍摄光线照射所呈现的效果。换句话说，绘画是创造光线而非接受光线。然而在现今，这个区别并不完全准确了，因为数码摄影让我们能够极大程度地控制将光线转化成影像的方法。

绝大多数方法都依赖计算机上的后期制作，但是在数码摄影的工作流程更加集成化以后，对后期制作可能性的了解会决定拍摄照片的方式。一个明显的例子是，当我们知道需要在计算机上对白平衡进行微调的时候，我们就使用Raw格式拍摄。另一个例子是将相机固定在三脚架上，以固定的曝光差值来拍摄一系列照片，以方便后期合成HDR图像（HDRI）。

实际上，与HDR图像相关的内容在本章中占据了相当大的比重（至少比预期的要多）。而作为需要关注的新技术，高动态范围图像改变了很多摄影师对光线进行思考的方式。从本质上来看，这是一种可以把一系列曝光值下拍摄的照片合成一个文件的技术，该文件可以覆盖的亮度范围几乎是无限大的，然后通过对这个文件的调整来生成一张正常的数码照片，从而以正常的形式来展现所有重要的影调。我有针对性地对特定类型的照片使用这种技术已经有一段时间了，很快我就意识到，在软件工程的开发速度如此之快时，几乎没有人去深入地分析这种方法在静态照片方面的使用。作为读者的你也许不一定需要在本章中深入探索这种方法的技术细节，但是因为HDR图像正在摄影世界迅速崛起，所以我们有必要对它进行了解。HDR图像对摄影的影响仅限于它对传感器捕捉的动态范围进行了扩展。我们对图像进行对准叠加的方法已经有了改善，离对手持拍摄照片进行叠加又近了一步。计算机上能够实现的效果总有一天可以直接在相机中实现。就像数码摄影的很多其他范畴一样，它们都在不断的发展进步之中。

相机校正

除了对曝光和白平衡做出选择，我们还需要考虑相机拍摄和显示色彩的方式的细微问题。我之所以使用"细微"这个词，是因为大多数数码相机、计算机、显示器和软件的集成性能已经很高了。色彩管理的意思是，我们需要确保几个不同的设备（从相机到打印机）都能以同样的方式进行数据沟通。而在过去的几年中，很多人付出了很多心血，努力让色彩管理在产品内部进行，而不需要用户耗费太多心思。

不论如何，色彩管理有两个方面需要我们注意。一个是基本的设置，另一个是对整个画面所需要的完整的色彩准确性而进行的精确校正。设置中最关键的是在同一个色彩空间中进行工作。色彩空间决定了色域，也就是不同设备（相机、计算机、打印机等产品）能控制的色彩范围。选择色彩空间通常来说十分简单，因为大部分相机使用的是 Adobe RGB（1998）或者 sRGB。前者有更宽的色域，也是最常见的选择；后者虽然色域较小，但是它的优势在于照片不需要 Photoshop 复杂的后期调整就可以直接打印。不论我们在相机内选择哪个色彩空间，我们只需要在 Photoshop 或者其他编辑或浏览软件中选择同样的色彩空间即可。

对相机进行全方位校正则是另一个话题，它包括拍摄一张色彩值已知的标准目标色卡，然后以它来设置一个专用的配置文件。配置文件是一个 Photoshop 和其他软件都可以使用的小型文件，它通过获取相机拍摄色卡的值和色彩的实际值之间的差值，来为软件提供相应的补偿指令。这听起来像是一种获取准确色彩的完美且简单的方法，在每一次拍摄的时候都应该运用，但是实际情况并非如此。因为色彩校正在大多数情况下都过于准确，而且会受到当时的实际照明情况的影响。我在接下来的内容中会逐步展示色彩校正的流程，结果是可靠的，但是一定要记住，色彩校正的目的是消除所有偏色情况。灰色、白色和黑色会按照中性色彩来进行渲染，而在现实生活中我们更享受低角度太阳温暖的光线和不同光线混合所带来的多彩景象（请参考第 1 章和第 2 章的内容）。色彩校正真正起作用的时候是在影棚中，尤其当拍摄主体必须以真实的色彩来呈现的时候，如产品包装、时尚产品和艺术作品。最后，我们还需要做好在测量和主观判断间进行抉择的准备。

准确照明的关键之一，是知道相机在以我们期待的方式记录色彩和色调，软件也能以此方式来读取和处理信息。

标准目标色卡
GretagMacbeth 的 ColorChecker 色卡是无可争议的摄影用标准色卡，上面每一种色彩都以特殊方式印刷并测试。这款色卡可以满足大多数拍摄需求。

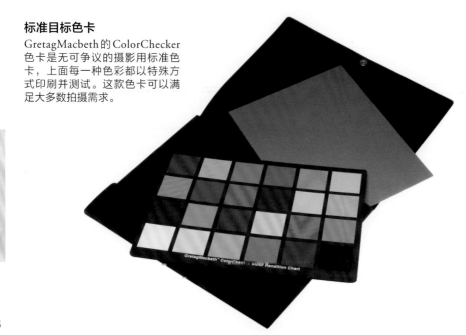

为一幅艺术作品校正

在拍摄德国艺术家迪特尔·罗斯的这幅绘画作品时，我使用了一个更复杂的色卡；它也是GretagMacbeth的产品，这款ColorChecker DC是为数码摄影而设计的，有177种颜色，并包括一组高光色卡。

拍摄放置好的色卡。在布置好光线以后，ColorChecker所放置的位置就在画作将要放置的位置前方。

下一步，在Photoshop中打开已经拍摄的画作的照片。

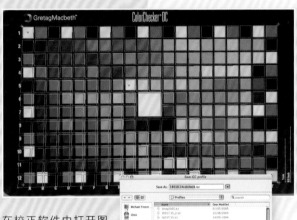

在校正软件中打开图像，此处我们使用的是Pictographics的软件Camera 3.1。这款软件允许我们将一个网格准确放置在色卡之上，然后以半自动的方式创造一个色彩配置文件。

配置文件被存放在相应的文件夹中。

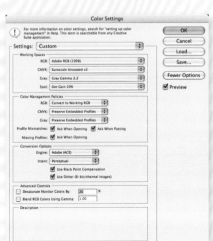
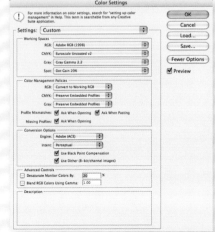

在Photoshop的颜色设置中，确保工作色彩空间和色彩管理选项和右图中的设置一样。

为这个照明环境存储的配置文件可以通过选择"编辑">"指定配置文件"选项来使用。我的方法是将相应照片的文件名作为配置文件的文件名进行存储。

十分关键的最后一步是要将使用的配置文件转换成工作色彩空间。已经设置为Adobe RGB（1998）。

通过配置文件调整的最终图像。通过校正免去了对色彩的手动调整，而手动调整在任何情况下都无法在整个色域中使色彩准确无误。

相机校正

119

将色调分布
至色域内

优化照片中光线的最基本操作，是为照片设定最低的阴影值和最高的高光值。

在大多数情况下，如果我们放弃使用色卡校正相机的复杂操作（请参考第118～119页），那么优化照片的第一步就是选择最低的阴影值和最高的高光值。也就是说，我们需要将最暗的影调值设为略高于纯黑色，而将最明亮的影调值设为略低于纯白色。从另一个角度来看，我们采取这个简单操作的目的，是要将照片的影调范围尽可能完美地放置在色域之中。

通过不同的软件，我们可以有几种不同的方法来达到这个目的，但是最常用的方法是利用直方图，如Photoshop的色阶功能。直方图的范围覆盖了从最左侧值为0，0，0的黑色到最右侧值为255，255，255的白色的完整色域。如果拍摄的照片对比度较高，那么照片很有可能丢失阴影和高光细节，并完全填满直方图。但是，如果和本页的例子一样，照片对比度较低，那么它的直方图就会位于色域范围的中间。这意味着最暗的阴影不是纯黑色，而最亮的高光也没有达到白色。我们可能想让照片保持原样，但是更常见的做法是将直方图向两侧拉伸来填满整个范围，并在之后调整中间调来改变照片的亮度（请参考第122～123页）。

如果我们使用Photoshop来进行操作，我们可以通过将黑点和白点的滑块拖曳到直方图的两侧来达到这个目的。单击"确定"按钮，然后重新打开色阶来查看修改的效果。除此以外，如这里的例子所示，还有其他不同的自动和半自动功能可以选择。其他的图片编辑软件，如相机制造商的自主应用程序，以及独立的工作流程软件（如PhaseOne的Capture One和苹果的Aperture等）都提供了类似的工具。

优化一张低对比度的照片

我有意选择这张低对比度的RAW格式照片，是为了展示几种不同的设定黑点和白点的方法。高对比度照片会出现一些其他的问题，最好使用其他工具与技术来进行处理，如HDR技术（请参考第136页）。

原片
这张威尔士农庄的照片（原图）因为迷雾及使用长焦镜头拍摄，很明显对比度比较低，同时因为对着日光拍摄，所以出现了些许明显的炫光。

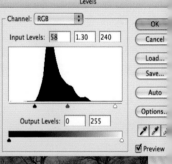

手动调整
直方图的大部分值都堆积在了色调范围的中部，这是低对比度照片的显著特征。手动向左调整黑点和向右调整白点是通过肉眼观察来进行的（同时可以按下Alt键来显示溢出的区域）。

第 5 章 数码光线

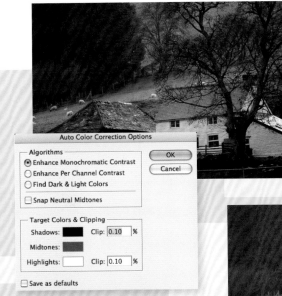

自动颜色

通过色阶对话框进入 Photoshop 的自动颜色选项，是一种更快速且自动化的处理手段。它提供了 3 个可选的方法：增强单色对比度（在此处使用），增强每通道的对比度，以及查找深色与浅色。自动颜色的效果与手动调整的效果相似，但是略强。

使用 RAW 格式

如果照片和这个例子一样使用 RAW 格式拍摄，那么 RAW 格式转换程序就更适合用来设置黑点和白点。上图中显示的是 Photoshop 的默认操作界面，将所有的滑块都设置为自动。高光溢出警告为红色，相较于我们使用的其他软件和操作，这样获得的处理结果的亮度明显较高。

每个通道的对比度

采用增强每通道的对比度的方法时可以在每个通道上（红、绿和蓝）分别进行工作，它能够达到对比度增强效果的最大化，但是可能会出现偏色。

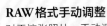

RAW 格式手动调整

对于这张照片，手动调整的效果比自动选项的效果要好一些，但是这些效果会因人而异。

偏色照片的自动预防措施

整体有偏色情况的照片在使用自动选项时，需要我们的操作更加谨慎。这张金色反光材料的照片通过使用增强单色对比度的方法得到了很好的调整，而当使用增强每通道的对比度和查找深色和浅色的方法时，照片会严重丢失其本来的色彩。

自动深色与浅色

采用查找深色与浅色的方法时会自动查找照片中最深和最浅的颜色，和使用滴管的效果一样。

将色调分布至色域内

121

改变亮度

在设定了色调范围的两个极点以后（把这个作为第一步操作是很重要的），我们现在就可以在这个范围内调整亮度和对比度了。通常的操作方法包括在直方图上调整中间调的滑块，或者通过改变曲线的形状来进行更精细的调整。而对于清晰度的调整，我们将其分为两个部分：本节内容只涉及对亮度的简单调整，下一节再讲解通过两个调整点来改变对比度的复杂方法。

第二步是分析对亮度的调整是否必要，而选择不同的技巧也会对调整效果造成细微的不同。

虽然可能显得过于啰唆，但是在一个设定的范围内对亮度进行调整终究是一个好的方法。不然，影调的上下两端就会有溢出的风险，造成高光和阴影细节的丢失。在使用Photoshop的曲线功能时，如果曲线的两端被锁定在两角，白点和黑点就会固定不动。我们在使用色阶功能的时候也可以使用同样的方法来改变影调范围，只需要将滑块沿着轴向两边移动即可。

这张照片的主体是街边市场上的一个银质碟盖。首先，我们来看看直方图和黑点、白点的位置。直方图显示右侧高光部分丢失了些许细节，但是这是可以接受的。最基础的调整亮度的方法是将中间调向左（往阴影方向）或向右（往高光方向）移动。色阶中的中间调滑块是按照这个方式工作的，而使用曲线功能时是将中间调沿中线垂直向上或向下移动。请注意调整以后直方图发生的变化：左侧和右侧的滑块保持不动，但是有更多的影调分布在中间部分。

然而，相较于色阶，曲线对亮度的改变更加细微。在曲线的下半部（也就是阴影部分）选择一个点，进行任何的调整都会更偏向阴影。这样产生的曲线形状会不太一样，下半部的弯曲会更明显。同样的情况也会发生在上半部，曲线的调整会更偏向高光部分。简单来说，曲线调整的灵活性会高一些。

基本曲线调整中的细微差别

这里展示的差别非常细微，但是对结果会有重要的影响，这取决于我们偏重影调的哪一个部分。

设定黑点和白点

开始这一步操作前需要先完成第120～121页提及的第一步的操作。黑点和白点已经被设定。图像有着几乎完整的对比度，高光溢出警告显示有一部分高光是白色。

曲线上的检查点

在图像上的不同位置点击可以显示这些位置在曲线上所处的位置，这是我们进一步进行出调整之前的有效步骤。能立刻让我们注意到的点是图像上方背景焦外部分的灰色区域，它其实位于曲线的中点，而根据我们的期待，这个区域应该更明亮，因此这张照片很明显需要提亮。

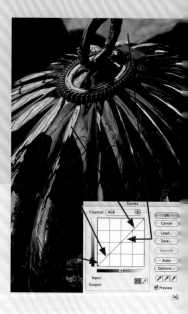

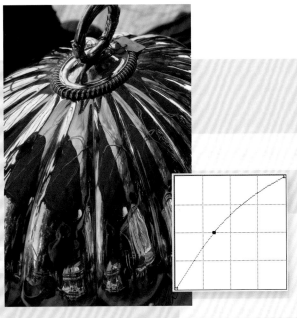

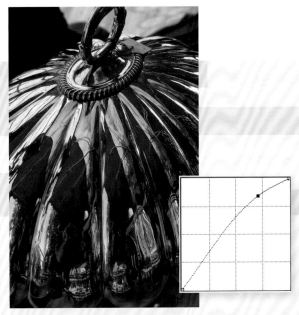

偏高光的曲线

然而，当我们想要保留阴影的浓厚色调，专注于将黄色调亮的时候，调整曲线上方的点就是更好的选择。

中间调曲线

将中间调向左调整的这个基本操作，等同于在色阶中将中间调的滑块向左移动。这样的调整对中间调值的改变最大；曲线上的其他部分都会根据其与中间调的距离进行相应的调整。

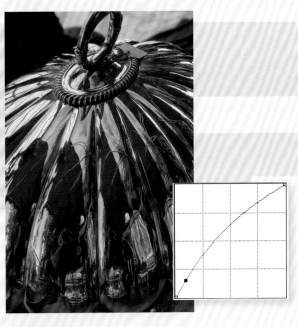

偏阴影的曲线

将曲线下方的点向左移动，这对阴影部分的提亮效果要好于其他较明亮的部分。如果觉得照片的阴影部分太暗，我们就应该选择这样的调整方法。

使用 RAW 转换软件调整亮度

亮度的调整还可以在转换 RAW 图像的时候进行，这里我们使用的是 Photoshop 的 RAW 转换软件。亮度滑块（等同于色阶的中间调滑块）的自动功能被取消，转为手动调整。

改变对比度

在 设置好的白点和黑点的范围内调整对比度是曲线功能的另一种使用方法，但是这至少需要使用 2 个调整点。我们可以把对比度调整看作可变的亮度调整，详细地说就是将曲线的一部分朝一个方向调整，并将另一部分朝反方向调整。最常用的提高对比度的方法是将曲线调整成一个弧度较小的 S 形；将较亮的区域调亮，而较暗的区域压暗。降低对比度则相反：将阴影提亮，高光压暗。

明暗影调的差值可以在已经设定好的影调范围内进行调整。

多云照片的对比度

在这个例子中，对比度的调整只针对影调中的一个特定区域，其他区域不受影响。在昏暗的天气下拍摄的照片明显需要提高对比度，即便在黑点和白点被设为自动的情况下也是如此，但是我们需要提高对比度的区域是从中间调到阴影的范围，也就是植被和木材所在的区域。玻璃房顶很容易被调整得过亮，因此我们要更加留意。

原图设置

这是没有调整过的原图。虽然画面看起来很昏暗，但是对比度比我们想象的要高。

另一种方法

另一种完全不同的改变对比度的方法是使用 Photoshop 的高光/阴影功能。这个功能是通过提亮阴影和压暗高光来降低照片的对比度，但是如果将中间调对比度滑块向右调整得较多的话（调至 +70），我们实际上可以通过这个操作来较为明显地提高照片的对比度。

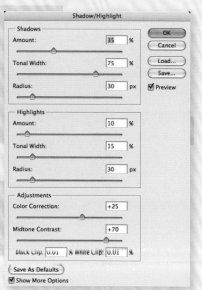

对比度的强度

此处我们继续处理之前的照片，我们可以看到提高和降低对比度时的不同效果。

原图设置

此处的设置和第 122～123 页相同。因为我们还需要对照片整体进行提亮，所以会向左调整对比度曲线。

增加亮度

第一步是增加中间调的亮度。但是这不会改变对比度，而且会让玻璃房顶的高光更亮。

黑点和白点设置

黑点和白点通过自动选项进行设置（可以在Photoshop的色阶或者曲线对话框中选择）。

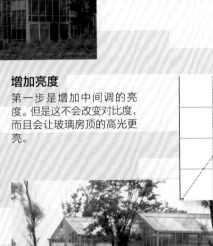

提高对比度

选择曲线下方的两个点，将其稍微向右边移动，以提高绿色和棕色部分的对比度，但是这会让高光更亮。为了抵消这个效果，我们在曲线上方选择两个点，以降低高光部分的对比度。最终曲线呈S形，在提高对比度的同时还保护了照片上方的高光。

高反差

在高光部分向左方大幅调整，配合下方阴影部分向右方较为适中的调整，整体比原图反差更高，且更明亮。

低反差

低反差的曲线使用了类似的调整点，只是调整方向和高反差曲线相反。为了获得整体的低反差效果，下方的调整点向左调整的幅度要大一些，而上方的调整点往右移动的幅度要小一些。

改变对比度

还原阴影

曲线调整之外的软件技术可以让我们选择并还原画面动态范围内亮度较低的部分。

了解曲线调整的作用是相对容易的，因为曲线图的显示方式十分直观，从阴影（左侧）到高光（右侧）的影调范围按照亮度逐步上升或下降。最近有一种借鉴了锐化（以及模糊和其他功能）算法的技术被开发出来，它借鉴了滤镜技术，先搜索每一个像素周围的区域，然后根据像素的值对其周围进行改变。最基本的参数是每一个像素周围的半径，而这也是软件所提供的最重要的选项。每一个像素都会得到分析，而且进行的调整会重叠且相互作用，因此这个过程是比较复杂的。它和图像的像素也密切相关，在一张高像素照片中，修改半径为20的像素区域所造成的效果不会和像素较低的照片一样明显。用户界面的操作很简单，但是我们不能对修改的结果进行预判，因此所有的调整需要通过观察屏幕来进行判断。这样做的好处是在后期制作中调整亮度时，它提供了一种与曲线截然不同的调整方法；这样做的主要原因是它可以将调整效果限制在一个特定的范围中，而且调整效果自然，也免除了手动选择所造成的效果不自然的风险。为了实现这种效果，最常用的选择是使用Photoshop的"图像">"调整菜单下的阴影/高光"功能。它在调整照片中阴影部分的时候效果最佳，其原因很明显（虽然我们在第124～125页可以看到，中间调对比度控制在调整由高光和阴影滑块选定的区域时也很有效）。位深度是一个很重要的因素，因为对像素值的调整可能会非常大：每通道16位是极其推荐的数值。我们需要预防的是将阴影过度还原，并且建议在一定程度上使用中间调对比度滑块，否则调整结果会不真实。

阴影细节的提示

在这张努比亚的埃及神庙的照片中，我想要通过远处的小塑像和前景中被背光笼罩、隐约可见的石砖给照片带来一种浪漫的氛围。但是这张照片的成功需要石砖的剪影能显现一些细节。和绘画一样，观众需要知道石砖在结构上的一些细节。

剪影
在这种效果中，阴影部分没有细节，展现的只是纯粹的剪影效果。使用阴影溢出（在Photoshop的色阶界面中，按下Alt键然后点击黑点滑块）功能可以显示阴影部分丢失的细节。

阴影中的神秘细节
破坏程度较低的处理方法是保留阴影部分一定的细节，这样做并非为了清晰地观察全部细节，而是一种细微的展现。

拆船工

这张照片是拍摄印度拆船工的系列报道作品中的一张。

原图

这张照片是逆光拍摄的，效果和我们预期的一样，高对比度和一些炫光，营造了很好的画面氛围，效果可以让人接受。尽管如此，如果阴影部分的一些细节能得到还原，照片会有更好的效果。

阴影/高光工具

将阴影提亮（而不做其他调整）可以形成略有不同的效果，前景的阴影影调得到了很好的分离。

使用曲线还原阴影

最传统的做法是使用受控制的曲线调整，集中处理泥地中的铁块和工具的阴影部分。中间调和高光的点被固定不动，只有阴影部分被调亮。调整后，整体画面效果算不上得到提升，因为整体对比度的下降让画面上方本就存在的炫光效果加剧。

阴影/高光工具加对比度调整

添加一个调整手段就能让效果截然不同：中间调对比度的滑块向右调整到+20。这在阴影滑块已经选择并调整的基础上增强了同区域的对比度。这样做的结果是不仅带来了类似原图的很好的对比度，还真实地还原了阴影的细节。

视觉范围和高动态范围

我们已经在第12～13页介绍过动态范围的内容了，它包括两个基本概念。其中一个概念是动态范围会影响场景、拍摄设备和展示媒介。这3点相互关联，当动态范围很高的时候，它们就成了很重要的问题。HDRI，或者说HDR图像，是一种用于捕捉和显示更宽的亮度范围的方法，或者说是一系列操作。"宽"是指能和我们的视觉范围相匹配，且超过一般摄影能力的动态范围。下一页的表格展示了场景、拍摄设备和展示媒介的动态范围的比较，而这三者必须同时进行讨论。例如，即便一个拍摄设备（一款传感器）能够覆盖很高的动态范围，但如果所用的展示媒介（屏幕、纸张等）无法有效覆盖这样的动态范围，那么传感器的功效也无法发挥出来。当我们讨论高动态范围和这种特殊的影像技巧是否需要被使用的时候，我们就需要考虑以下3个方面：这个场景是否符合高动态范围？它需要拍摄1张还是多张照片来完成？是否有合适的方法能让照片符合展示媒介的动态范围？

另一个概念是，我们的眼睛对动态范围的处理方法和摄影用的技术完全不同。我们需要对其进行详细的阐述。在我们讨论HDR图像（这也是数码影像的一个主要的创新话题）之前，我们需要了解我们的眼睛对亮度的感知方式。毕竟摄影的一个主要技术目标是接近我们的感知。通常来说，即便没有意识上的方向改变，我们的眼球也会在一个场景上快速移动，这就是所谓的跳视。跳视的顺序和对场景中元素的感兴趣程度有关，因此这个行为是因人而异的。在这里，我们只讨论亮度的不同。通过虹膜的快速调整，我们的眼睛可以改变其敏感度，因此，虽然当我们专注于观察一个很小的区域时动态范围很有限，但是我们的

直至今日，我们都无法调和眼睛和大脑的感知与照片之间对亮度敏感性的巨大差别。

眼睛是如何处理对比的

在这个高动态范围的场景中，存在由于阳光直射形成的高光区域，和由于遮挡而形成的阴影区域。无论是胶片还是数码传感器，单次曝光都不可能记录到让人满意的细节，而用眼观察却能轻易地看清所有细节。

亮度的范围

圆圈的区域代表眼睛在一次对焦时所覆盖的无效的区域。每个圆圈都有对应的标注内容，上方显示的是那个小区域的理想亮度（我们眼睛所接收的），而下方则显示的是低动态范围照片为了与场景其他部分配合而对亮度进行的相应调整。也就是说，高光如果为了配合阴影就会曝光过度，阴影为了配合高光就会曝光不足。而在接近中间调的地方，亮度的改变是较小的。

眼睛可以"添加"一系列亮度完全不同的区域，从而以高动态范围的方式感知一个完整的画面。我们在第10页已经看到了这个例子的一些详细内容，所有的这一切虽然发生得很快，但是却形成了一个能够让我们"记住"的影像，因此一张单张固定的照片是无法和

第5章　数码光线

对高光曝光

这种曝光方法一直是针对正片的拍摄方式，也是使用数码传感器拍摄单张低动态范围（每通道8位）照片的手段。高光细节得到了保留，但是代价是丢失了阴影部分的细节。

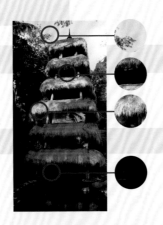

结合高光和阴影

这种方法是指在拍摄以后对整个影调进行压缩以保留高光和阴影，我会在接下来几页对其进行讨论。而在这个例子中，我们需要使用2个曝光值进行拍摄，一个针对高光，另一个针对阴影，然后调整成一张高动态范围照片。

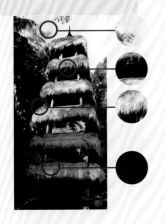

中间调的折中曝光

对中间调曝光会对高光和阴影细节造成同样的破坏，并且能够按照真实的情况还原中间调的影像。

高动态范围相比的。

　　我们已经知道，胶片在单一曝光中能够捕捉的动态范围很有限，而且也没有太多的办法可以解决这一问题。黑白胶片有最强的宽容度，但是彩色正片（尤其是柯达克罗姆）的宽容度非常有限。然而在数10年之后，一些技术上的失败已经变成了完全可以接受的"摄影类"图像效果。其中之一是带有炫光且完全不留细节的高光，另一种效果就是反差很大的剪影。这两种效果在19世纪摄影诞生以前从来没有出现在艺术表现的范畴之中，然而现在它们都被我们完全接受。此外，因为摄影本身超出了对技术准确性的要求，这两个视觉效果也为摄影艺术做出了相当大的贡献。类似的情况还有很多，如失焦的模糊，但是我们在这里讨论的只是和光线有关的问题。这些效果可以增强画面效果，营造氛围，甚至是增加"真实感"。

动态范围

场景（sc）、拍摄设备（dv）和展示媒介（ds）		比例	指数	曝光值
dv	每通道32位图像格式：潜在范围	无限	n/a	n/a
sc	包括光源（如太阳）在内的高反差场景	100 000:1	216～217	16～17
ds	每通道16位TIFF：潜在范围	65 536:1	216	16
dv	人眼正常工作范围	30 000:1	215	15
dv	14位高端OOD拍摄的每通道16位RAW	16 384:1	214	14
dv	12位OOD拍摄的每通道16位RAW	4 096:1	213	12
sc	对比度极高的日光至阴影场景 （日光下的白色到阴影下的黑色）	1 600～2 500:1	211	约为11
sc	对比度较高的日光至阴影场景 （日光下的白色皮肤到阴影下的植被）	1 000:1	210	10
ds	有源矩阵显示器	350:1	28+	8+
ds	每通道8位JPEG、TIFF：潜在范围	255:1	28	8
ds	标准OFI显示器	200:1	27～28	7～8
ds	亮光纸	128:1～256:1	27～28	7～8
dv	只对场景中部分范围进行观察的人眼动态范围	100:1	26～27	6+
ds	亚光纸	32:1	25	5

高动态范围和真实感

HDR 图像包括了几种不同的技术，它们的目的都是将大范围的影调集中压缩在一张照片中并正常显示（也就是指能够正常打印或者在常规显示器上显示）。我们对"如何定义一幅 HDR 图像"有着不同的见解。从最严格的定义来看，它所覆盖的范围超过每通道 16 位的 TIFF 文件所能处理的 66000：1 的亮度范围（如果是 Photoshop 的 16 位 TIFF 文件则为 33000：1）。被定义为 HDR 图像的文件每通道有 32 位（请参考第 136 页）。这肯定包括了有主光源的照片，例如画面里有太阳的风景照片。有些人认为使用带有 14 位 CCD 传感器的高端相机所拍摄的 RAW 格式文件是 HDR 图像，有些人甚至将这个定义延伸为使用 12 位传感器的标准数码单反相机所拍摄的 RAW 格式文件。这些定义都是有时效性的，但是在本书里我用"高动态范围"来描述定义较宽泛的这类照片，而用"HDR 图像"来描述严格意义上使用 32 位浮点格式和影调映射的这类照片，以作区分。

对于上面描述的不同类型的照片，它们大多都需要使用不同的曝光值进行拍摄，最终的照片不会有高光和阴影的溢出（也就是一张能展现所有影调的照片）。这听起来也许是最理想的结果，但是考虑到我们眼睛的工作方式（请参考第 128～129 页），这样的照片可能会存在矛盾。从一方面来看，如果我们对真实的场景进行细心的观察，这样的照片会使我们看到全部的细节，但是从另一方面来看，它所展示的细节比我们一瞥所见的要多。换句话说，相比传统照片它可能更真实，也可能更不真实，这取决于每个人的观点、视觉体验和对照片的期待。将 HDR 图像的影调映射到可观看的 8 位图像有不同的算法，而用户在软件里也有很多不同的选项，在第 140 页，我对这个让问题变得更加复杂的话题进行了讨论。

实际上，给一个场景创造高动态范围的最好方法是根据我们视觉上的真实性来进行操作。这就意味着对于高动态范围，不论是让高光充满炫光、让阴影充满黑色剪影的这种影调受限的"摄影"方法，还是扩大影调范围的"数码"方法，都是对真实场景的有效呈现。对大多数人来说，最恰当的处理方式是选择两者之间的一个折中方法，这也是在数码影像中处理高对比度的照片有如此多的方法的原因。归根结底，高动态范围照片需要我们的评判，这也超过了基本的技术层面。

HDR 技术可能可以解决陈旧的摄影问题，但是对于习惯于传统摄影作品的观众来说，这些照片并不一定有真实感。

HDR花园照片
这张照片是在一个阳棚下拍摄的洒满明亮日光的花园场景。当我们对照片中的细节逐一进行查看的时候，整个场景看起来是很自然的。

正常照片对比HDR照片

　　这张装在吊灯上的水晶的高对比度照片的动态范围大约为6000：1，即最明亮的高光和最暗的阴影的亮度比。换句话说，高光和阴影的曝光值之差为12～13挡。如果不使用任何特殊的处理方法，不论是使用胶片还是8位的数码TIFF或JPEG格式进行拍摄，细节的丢失都是不可避免的。在下面一系列的8位照片中，左边的照片（光圈f/32，快门速度6秒）显示了全部的阴影细节，但是高光的溢出无法补救。右边的照片（光圈f/32，快门速度1/4秒）中高光得到了保留但是牺牲了阴影的细节。但是缺失的细节重要吗？左边的第二张照片（光圈f/32，快门速度3秒）最可能被我们接受，很少有人会说这张照片是"错误"的，只是对比度高了一些。HDR软件能够把一组照片合成为一张照片，并以保留所有细节的方式进行导出，这改变了我们处理高对比度照片的方法。这样处理过的结果看起来可能会像右侧的照片，所有的色调都被捕捉且加以呈现，清晰度极高，但是这也会让熟悉传统摄影作品的观众感到陌生。

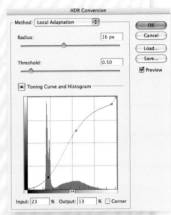

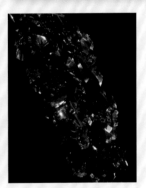

怎样才算HDR

定义	每通道的位深度	比例
高动态范围	32位浮点（96位RGB）	无限
临界	16位TIFF（48位RGB）	在Photoshop中33000：1
临界	高端相机RAW，14位CCD传感器	16000：1
低动态范围	标准相机RAW，12位CCD传感器	4000：1
低动态范围	8位TIFF或JPEG	255：1

曝光包围，
Photoshop合成

处理高动态范围的一种重要数码技术是使用曝光包围，然后将所得到的照片合成为一张照片。

不出意外的是，所有处理和显示高动态范围照片的技术都和拍摄密切相关。就像我们之前看到的，很多不同的照明环境都远远超出了胶片或数码传感器拍摄一张照片的能力范围，而数码传感器的线性反应让这个问题变得更加困难。但是不论怎样，只要场景中没有物体移动，我们为整个影调范围拍摄几张照片（换句话说，就是使用曝光包围）就完全没有问题。当我们拥有了这些照片以后，就可以选择如何将它们合成为一张照片。

曝光包围可以是手动或自动的，这取决于相机提供的功能。不论是自动还是手动，我们将相机安装在三脚架上拍摄都是十分重要的，以保证从第一张照片开始画面都是固定的。我们可以参考三脚架常规使用的注意事项：三脚架需要稳定放置，而且要尽可能避免因为触摸三脚架而造成的轻微移动（建议使用快门线）。如果镜头带有防抖功能，请将防抖功能关闭。我们可以参考相机液晶屏幕上的高光溢出警报和直方图来确认曝光的范围。前者可以帮助我们设定曝光的下限，也就是将曝光值设定至屏幕上不再有闪烁的警报为止；后者则可以帮助我们设定曝光的上限，需要看到直方图在坐标的左边有一个细小的间隙时才停止。如果我们需要展示更多的阴影细节，则可以在曝光包围的过度曝光一侧增加曝光值。从实践的角度来看，从曝光时间较短（保留高光细节）的照片开始拍摄这一系列曝光包围照片较为容易，然后只需要在它的基础上拍摄增加曝光值的照片。根据经验来看，每两张照片之间的曝光值差最好为1～2挡，当然，实际的选择要取决于我们要使用的合成技术或HDR技术，这也需要我们进行一定的尝试。如果我们不太确定，多拍几张总比少拍几张要好；能够获得最多的数据是最理想的情况。

这些技术的最佳使用对象是使用三脚架拍摄的照片，因此我们有充足的时间来设置手动曝光包围。此外，一些相机提供自动曝光包围功能，可能包含足够的曝光范围。而这个功能的优势还不止于此，在相机设置好以后，曝光包围拍摄很简单。而且很快速，因此我们甚至可以尝试不使用三脚架来拍摄。

手动将这些曝光值不同的照片合成为一张照片虽然简单但是耗时。最简单的方法是在Photoshop中将一张照片叠在另一张照片之上，然后用橡皮擦工具修改，只保留较好的细节。换句话说，如果较暗的照片在较亮的照片之上，我们就需要抹掉阴影部分。更流程化的一个方法是将曲线调整和特定的图层混合模式组合使用。通常，正片叠底模式用来混合高光细节，滤色模式用来混合阴影细节。下一页的例子能够更好地说明它们的效果。

不使用三脚架进行曝光包围拍摄

手持相机拍摄一系列曝光值不同的照片会出现构图不一致的问题，如果照片非常重要，这就意味着我们可能要在后期花更多的时间。如果构图偏移的程度很小，可使用一些专门用于合成照片的软件，如Photomatix，我们可以选择自动调整来解决这个问题。不然这些构图上的调整就需要我们在后期过程中靠肉眼识别来手动完成。

这样做最困难的地方是旋转：通过旋转画面来调整构图要比在水平和垂直方向上移动困难得多。通常的做法是将一张照片复制到另一张照片之上，将不透明度调整为50%～70%，这样两张照片都可见，然后移动上层的照片来进行匹配，这就需要将画面在屏幕上放大至少100%。合并几乎一样的照片是一种识别问题，拼接软件已经可以很好地解决这种问题了，我们可以期待相机厂商在未来也能解决这个问题。

Photoshop中的手动合成

这种技术较为复杂却值得尝试，适合我们偶尔运用，但是如果我们经常需要进行曝光合并，选择使用下一页介绍的专用合成软件则更明智，而且它们的价格也比较适中。

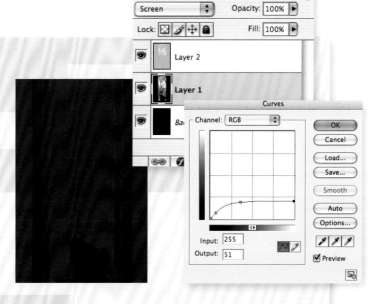

较亮照片的阴影

这种方法运用在了最下层亮度最高的照片上，并将修改效果限制在了阴影区域。同时，中间图层的混合模式被设置为滤色。

较暗照片的高光

相反的处理方式被运用在了最上层最暗的照片上。曲线的运用被限制在了高光区域，混合模式为正片叠底。

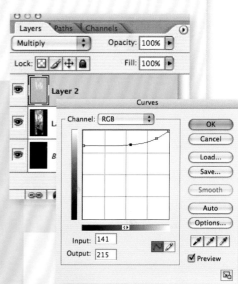

3张曝光值不同的照片

这张透过窗户拍摄的照片没有使用额外的照明工具。3张照片的曝光值完全不同，但是相互之间有一部分重叠的影调范围。3个图层之中，曝光值居中的照片被放在最亮的照片之上，而较暗的照片则在最上方的图层。

调整对比度

使用这种处理方法时通常需要将对比度稍微提高，使用较为柔和的S形曲线（请参考第124～125页）。

133

专用合成软件

在 Photoshop中手动对曝光值不同的照片进行合成不仅枯燥，而且效果也不自然。当图层超过2层的时候，想实时查看修改效果也会变得困难，要选择合适的曲线也需要我们进行不断的调试。我在这里展示的软件（即Photomatix）是专门用于合成，且可以移除合成中的不确定性的软件。之后我们会讨论效果更强但更需要技巧的HDR图像。对于大多数有动态范围的照明环境，我们在这里讨论的技术完全够用了。它们的原理和在Photoshop中使用图层进行手动合成的原理完全一样。

如果我们需要较频繁地合成多张照片，那么专用合成软件是更明智的选择，它们提供了自动处理且可靠的算法。

Photomatix的曝光合成功能是指将几张曝光值不同的照片，按照从曝光不足（或者至少是一系列照片中曝光值较低）的照片中提取高光细节，以及从曝光过度的照片中获取阴影细节的方式进行合并。它不会改变位深度（通常发生在HDR图像上），合成算法也考虑到了加权平均值。换句话说，它的操作是直观且容易预测的。

曝光合成功能的好处是它易于理解，而且我们操作的结果十分直观。此外，那些使用涉及后期软件中的图层的复杂方法的摄影师，可能会对这种方法比较熟悉。在Photomatix中，曝光合成功能被称作H&S细节（高光和阴影细节），位于"合成"菜单之中。

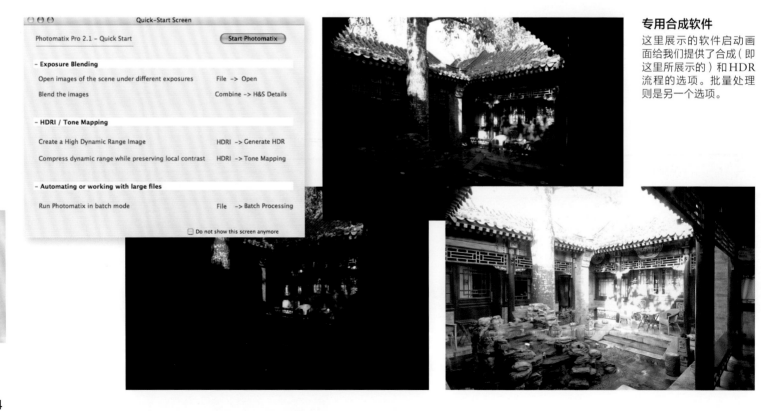

专用合成软件
这里展示的软件启动画面给我们提供了合成（即这里所展示的）和HDR流程的选项。批量处理则是另一个选项。

H&S 细节-自动

这个功能的作用是生成比其他方法更自然的效果，但是通常会造成较低的对比度，需要在使用之后利用对比度曲线进行修改。

H&S 细节-调整

这个功能允许用户设定处理的半径（更多地运用于较大的图像）及计算用的合成点。选择的半径值越高，合成就越准确，最终的结果锐度也更高。但是更大的半径会导致更长的处理时间，也会在高亮度的边缘产生人为的光晕。合成点的作用是让结果倾向于较暗或较亮的输入原图。

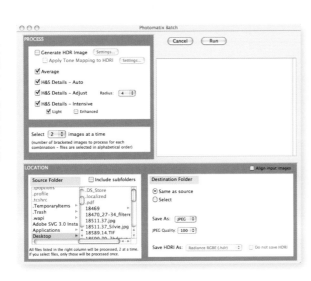

H&S 细节-增强

这个功能适合于动态范围特别高的场景。它提供了两个选项，每一个都需要更大的计算量和更长的处理时间。

批量处理

对于合成这种需要大量计算的自动流程来说，批量处理通常是很有效的选择。每一张特定的照片适合哪一种合成方法在极大的程度上取决于每个人的喜好。批量处理可以对一组照片使用不同的合成方法，最后由我们通过观察结果，这也是批量处理的另一个优势。

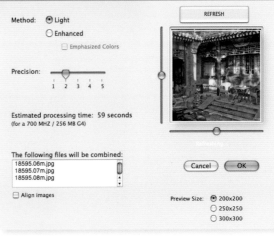

专用合成软件

HDR图像

高动态范围图像是通过使用非常高的位深度和更先进的影调映射方法，在不论对比度有多高的情况下来记录场景中所有影调的技术。和我们在第12～13页看到的一样，高动态范围图像超过了标准相机拍摄的一张照片的记录能力，也超过了标准显示设备（也就是最典型的8位显示器）所能显示的范围。请记住，任何带有光源的场景都拥有很高的动态范围（例如逆着阳光拍摄，或者更常见的是从室内透过窗户拍摄户外明亮日光下的场景）。我们在此以后者为例进行介绍。

这个性能强大的新工具可以让我们在一张照片中记录从最明亮的光线到最暗的阴影的几乎无限的亮度范围。

按照定义，生成HDR图像（HDRI）需要两步操作。第一步是拍摄，第二步是将结果转换成可视的格式。拍摄时，使用完全一样的构图，以及较为不同的曝光值（至少相差1挡），然后使用软件将这些照片合成HDR图像。Photoshop CS2推出了"合并到HDR"功能，而Photomatix是专门针对HDR的独立软件。HDR图像文件的格式包括Radiance RGBE、Floating Point TIFF和Portable

Float Maps，它们都是每通道32位的格式，和基于整数的格式（其中每一个像素都会使用256个值中的一个）不同的是它们都使用了浮点数。这样的结果是任何影调值都可以被准确保存。生成HDR图像的这一步是自动且快速的。

但是这种图像不能在一般的显示设备上正常显示，也无法正常打印。它必须转换成16位或者8位图像，这样图像中的很多影调就需要被重新安排成色阶中的固定值。这就是HDR图像有趣且复杂的地方，因为我们无法找到任何一种可以将这种转换过程自动化的方法。仅仅将数据按比例缩小会导致照片缺少对比度，并且为了使照片尽可能真实，每一个像素的安排都需要考虑其周围区域的实际情况。换句话说，这种缩小必须考虑像素所在的区域是亮的还是暗的。区域对比度能够造成很大的不同，这

能看见窗外美景的房间
这个在圣莫里茨巴德鲁特宫酒店中用木板装饰的房间，是由阿尔弗莱德·希区柯克（Alfred Hitchcock）设计并使用的。使用额外的照明会完全毁掉这里的整体效果，尤其是木地板和墙面反射的温暖的光线。

生成HDR图像
这里使用的是Photomatix，生成的HDR图像的对比度十分高，小窗口展示的是优化后的画面。

对高光使用快门速度1/160秒，光圈f/32的设置进行曝光

对阴影使用快门速度1/40秒，光圈f/32的设置进行曝光

种处理其实是一种复杂的影调映射方法。

不仅如此，将如此大范围的影调压缩到一张照片中，也挑战了我们长时间来对照片效果的假设。很多人第一次见到运用HDR软件转换过的照片后，最常抱怨的是它看起来像一幅画，而不是照片。这种说法是对的，因为我们习惯了一个多世纪以来无法拍摄高动态范围场景的现实。画家从来都没有这样的困难，而现在，使用了这种技术以后，摄影师也不再拥有这样的困难了，完全取决于我们的审美和品味。

拍摄技术

为了让创作HDR图像的工作更有效率，可在曝光包围时选择1挡的曝光间隔，这样软件就有足够的信息来生成HDR图像。拍摄时最好将相机固定在三脚架上。相机内的高光溢出警报是拍摄时很好的参考（拍摄第一张照片用来保留高光的细节）。使用同样的光圈（为了确保景深完全一样和更长的曝光时间拍摄下一张照片，重复这样的操作直到我们在最后一张照片中看到阴影部分有足够的细节。最后将所有照片保存在一个文件夹中。

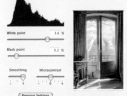

影调映射
因为有几种不同的调整，而且最终结果也完全取决于分辨率，所以HDR图像的转换就成了一种重复"尝试失败"的过程。此外，通过这里的例子我们可以发现，不同的软件使用不同的算法可能会产生完全不同的效果。在这个例子中，Photoshop的版本在窗户边缘产生的影调光晕较少，但是Photomatix的版本对室内的对比度和饱和度有更好的展现。

生成HDR图像

生成HDR图像的最佳方法是直接拍摄，但是这在很大程度上并不现实，因为会受到传感器设计的限制。使用ILM（工业光魔）OpenEXR格式的相机可以运用在特效电影行业，德国的Spheron 360°全景相机（动态范围为26位）可以用于拍摄照片，但是大多数相机只能达到每通道14位。虽然这种能力已经很强了，但是拍摄的照片还是不能算作HDR图像。因此目前来说，大部分HDR图像的生成都需要拍摄一系列曝光值不同的照片，然后用软件进行合成。软件的算法会有不同，文件的格式也会有不同，但是它们的共同点是对浮点数的运用。换句话说，与其将一个像素的影调值设定为色阶上的一个固定值（每通道8位的话就是256个选择；如果是Photoshop的每通道16位则有32768个选择，因为它实际运用了15位），不如为每一个像素赋予一个有32位长的浮点数。

在目前的数码摄影中，生成一张HDR图像通常需要使用一组曝光值不同的照片。

这里介绍的任何一款软件都可以用来生成HDR图像，但是为了获得最佳结果，拍摄对所用的曝光值应当有一定的间隔，也就是应当有1~2挡EV值（1~2个光圈挡）之差。大多数软件现在都可以帮助我们对齐照片，以防构图出现少许的偏差。HDR软件之间有功能和性能的区别，但是很难从用户的角度进行评价。一个开发HDR图像的重要人物格雷格·沃德（Greg Ward）推出了从照片EXIF信息中读取曝光信息的方法，这种方法后来被嵌入Photoshop CS2的HDR图像生成软件中。工业光魔的OpenEXR是使用了16位半浮点数的文件，这种文件更小、更适合储存，虽然可能会有动态范围不足的问题，但是对于大多数高动态范围的场景来说还是足够的。对于大多数摄影用途，几乎任何

HDR图像浮点格式都是很好的选择。JPEG-HDR格式的一个优势是它在图像中存储了一个每通道8位的图像并且可以轻松查看，同时可以作为色调映射的参考（请参考第148~149页"预览HDR图像"的相关内容）。

能看到窗外美景的房间
这组照片就是导入Photoshop
"曝光合并"的HDR流程中的
照片。

HDR图像应用软件

Photomatix是一款HDR生成软件，开发它的公司专注于为摄影师开发曝光合成软件，它的优势在于可以使用不同的方法对照片进行批量处理，包括LDR（低动态范围）和单一图像对比（请参考第134~135页和第150~151页）。该软件可用于Mac或Windows操作系统。

Photosphere由格雷格·沃德开发，这款于2002年推出的软件会读取EXIF中的曝光信息，同时具有自动对齐和画面稳定功能，这些功能的执行速度非常快。HDR生成功能包括自动镜头炫光移除（当有大量的光线从一片明亮的区域溢出的时候）和鬼影移除（有人或者物体在场景中移动，从而在合成结果中以鬼影的方式呈现）。目前，该软件只能在Mac操作系统中使用。

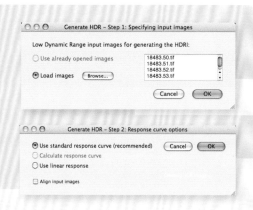

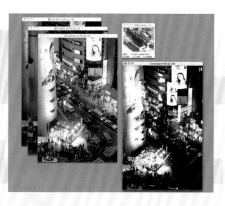

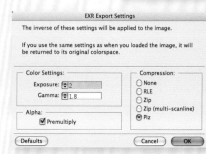

生成软件之一，于2000年对外发布。2004年的新版本支持OpenExR并使用CameraRAW信息。目前只能在Windows操作系统中使用。

AHDRIA/AHDRIC是两个相关的程序，自动HDR图像获取（AHDRIA）和自动HDR图像生成（AHDRIC）。AHDRIA目前是针对佳能相机设计的程序，当相机连接计算机的时候可对多次曝光拍摄进行控制，并优化曝光挡，然后AHDRIC会生成HDR图像。AHDRIC也可以和这里列举的其他软件一样，使用其他已有的照片生成HDR图像。这两个程序目前只能在Windows操作系统中运行。

HDRGEN同样是由格雷格·沃德开发的软件，它能在多种操作系统中运行，其运行方式是将命令输入控制台窗口。对于熟悉计算机的用户来说，该软件运行速度很快、性能也较好，但是没有良好的用户界面。

这里展示的是**Photoshop CS2**的曝光合并对话框。Photoshop的HDR生成算法被称作"曝光合并"，使用了很多和Photosphere一样的流程，但是没有Photosphere快速。该软件可在Mac或Windows操作系统中运行。

HDR Shop由保罗·德贝维奇（Paul Debevec）开发，它是最先推出的HDR

Photogenics HDR是一款适用于Windows操作系统的HDR生成软件（也可以在Linux操作系统中运行），它的优势是可以使用相机的RAW文件。

影调映射方法

我们已经知道，一个32位的HDR格式文件是无法观看的；它的价值在于保存大量的影调数据，它可以被转换成可观看的低动态范围（8位或者16位）的文件格式。转换的方法有很多。从高动态范围转换成低动态范围听起来很简单，如果只是将动态范围等比例压缩成需要的像素值确实很简单，但是这样做的问题是所有像素都会以同样的方法被处理，而忽略它们是否

在生成HDR图像的过程中最重要且最复杂的决定是在影调映射的过程中做出的。最终的结果在很大程度上取决于软件的设计。

处在画面中较明亮或者较暗的区域。这样做会极大地影响最终图像，尤其是对比度和对画面进行微调的能力。Photoshop把这种处理方式称作高光压缩，而这种处理方式忽略了HDR的意义，所以我们不推荐。

在8位或者16位文件中，为每一个像素赋予最终值的几种不同的方法都被称作影调映射。影调映射的算法可以是伽马曲线（这也是相机将12位RAW格式文件转换为8位JPEG格式文件常用的方法），也可以是两种不同的更复杂的方法：全局映射和局部映射。全局映射会考虑像素密度和画面特点，而不会考虑特定的局部。局部映射会考虑像素周围的情况（以及像素密度和画面特点）。

原图
这是一组5张曝光设置不同的照片，第一张照片的曝光设置为5秒，f/34，保留了阴影的全部细节（没有阴影溢出），最后一张照片的曝光设置为1/15秒，f/34，保留了高光的细节（没有高光溢出）。

色调映射
一个强烈的"S"型曲线，在之后的示例中会被用来加强色调映射的效果。

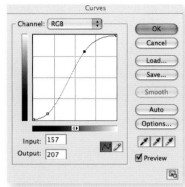

全局映射的主要优势是速度快。它使用的最有效的方法是对曝光和伽马曲线进行双重调整，提供这种功能的软件一般通过滑块来对它们进行调整。全局映射操作简单、效果自然，但是并不是特别直观，通常需要对几种不同的组合进行调试。

局部映射需要更长的处理时间，但是它能生成更"好看"的照片（我们的眼睛可以适应局部的对比度）。这种映射是Photomatix Pro等软件使用的方法，通过对每一个像素周围情况的判断和局部细节来判定像素的值。（Photoshop将这个功能称为局部适应，且因为它的"半径滑块"方法将其与高光/阴影工具对比。它使用一种保留边缘的模糊算法将画面分成几个亮度不同的区域。）这样所获得的结果是一张保留了局部对比度及高光和阴影细节的图像。

第5章 数码光线

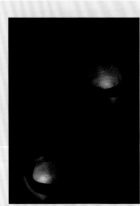

高光和阴影（H&S）

为了形成对比，这组5张曝光设置不同的照片使用了Photomatix的高光和阴影混合功能进行处理（请参考第134～135页）。这不是HDR技术。

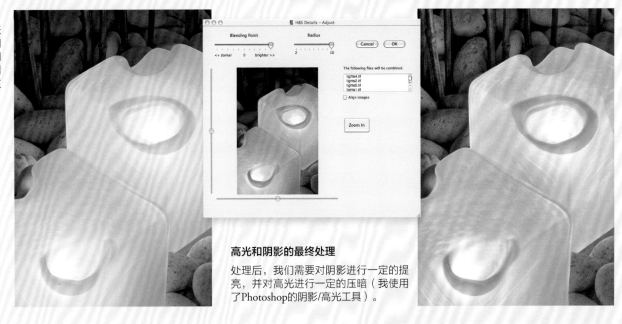

高光和阴影的最终处理

处理后，我们需要对阴影进行一定的提亮，并对高光进行一定的压暗（我使用了Photoshop的阴影/高光工具）。

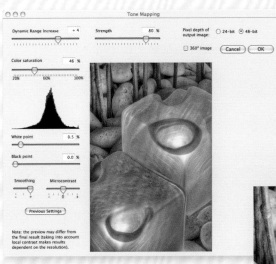

影调映射

再次使用Photomatix，同样的5张照片被转换成HDR图像，然后进行影调映射。处理结果缺乏一定的对比度，通过Photoshop使用对比度曲线对其进行调整。

组合后的结果

将使用这两种不同方法所得到的结果进行对比，可以看出二者的优势和劣势。LDR图像看起来更真实，但是缺乏饱和度及局部对比度；而HDR图像有足够的饱和度和对比度，但是人为痕迹更明显。将HDR图像复制到LDR图像上，再将透明度调整到50%，就能保留两张图像最佳的部分。

使用曲线的影调映射

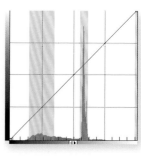

局部适应的开始点

使用曲线/图像轮廓控制，单击图像上的不同区域就可以确认它们在直方图中的位置。从左到右，直方图中被标记出来的区域分别是黑色蜡烛堆、灰色背景以及灯泡中的高光。

我们已经看到，能够顾及局部对比度的影调映射对大多数情况来说是最好的选择，但是它有一定的难度，主要因为预览图像和最终图像不会完全一样；半径搜索的方法取决于像素数，因此图像的尺寸大小会对效果产生影响，而且预览图像的尺寸确定比最终图像小很多。

现在，大多数摄影师都比较熟悉曲线调整，曲线很直观，它也可以直接在 Photoshop CS2 的局部适应选项下使用。这种影调算法会使用曲线（图像轮廓）调整，以此来控制将亮度区域映射到最终图像里的方式。它的优势在于叠加的直方图能够为图像的不同部分提供视觉指南，这样我们在移动曲线的不同部分的时候就可以轻松地对结果进行预判。

Photoshop 在 32 位下的局部适应对话框可以将曲线调整和直方图相关联，这提供了一种很有价值且独特的工作方式。

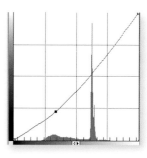

第一个曲线调整

按照上面提供的信息，可知第一个控制点位于主要阴影区域的上方，将其向下拉以保持黑色的浓郁。

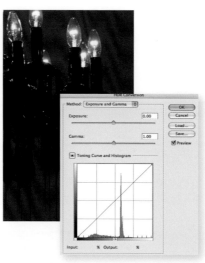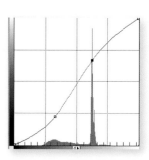

原图

这一组 6 张照片均使用光圈 f/5.6，快门速度在 1/500 秒到 1/6 秒之间，曝光间隔为 1/3 挡。

开始点

在 Photoshop 中打开由 6 张原图生成的 HDR 图像，在图像菜单中选择 8 位或者 16 位模式的时候，会弹出影调映射的对话框。

第一个曲线调整

在直方图中间调的峰值上选择控制点（恰好就是灰色背景所代表的区域），然后向上拉至我们想要的位置。

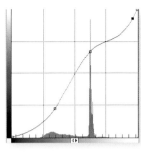

第三个曲线调整

调整第三个控制点是为了照顾灯泡中的高光区域，将它压暗来展现灯丝的细节。但是，灯泡中亮度较低的区域就会平淡得有些不协调。

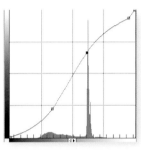

最终的曲线调整

最后要处理的问题是将第三个控制点，也就是右上角的控制点转变成 Photoshop 中所谓的"转角"。这样做的目的是固定曲线最上方的位置，之后所做的调整将不会影响这个控制点下方的曲线。这样我们就有了 2 条线：下方用来增强对比度的曲线，以及上方用来保留高光的直线。

中间调对比度

对图像的最终调整需要使用阴影/高光工具进行适当的设置，主要是为了给中间调增加对比度。

被舍弃的方法

除了刚才介绍的曲线调整方法外，我们还有其他几种选择。在下面 4 张图中，从左上方的图开始顺时针旋转，所做的调整依次为：调整曝光，调整伽马，调整曝光和伽马，以及最后直方图均衡化。这种方法没有控制算法，想要通过牺牲高光来保留对比度。

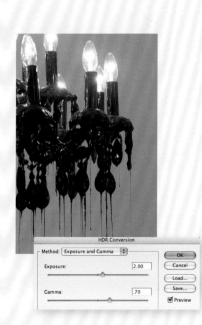

使用曲线的
影调映射

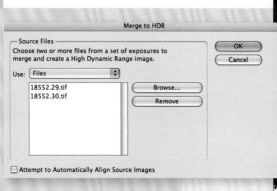

餐厅

照片里展现的是曼谷的一家设计感很强的日本餐厅，餐厅中央装饰着巨大的层状"波浪"，其在相对较暗的环境中被聚光灯照亮。我的目的是保持原有的照明效果，因此在拍摄的时候没有使用额外的摄影用照明器材。这里看到的照片是最终用于全景拼接的一部分。为了和使用曲线控制映射的HDR图像进行对比，这里还有一张通过Photomatix的常规曝光合成的LDR照片。

原图
每一张用于拼接的照片都拍摄了2个曝光设置不同的版本，一张快门速度为1.6秒，另一张快门速度为8秒，曝光间隔为2.5挡。然后生成每通道32位的HDR图像。

Photomatix自动
将2张16位的照片在Photomatix中进行自动曝光合成（请参考第134～135页）。

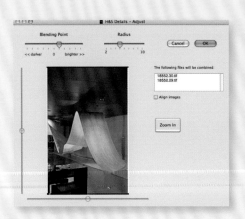

Photomatix调整
调整模式允许我们对更多的细节进行控制，在这个例子中，我们对"波浪"左下方的高光区域进行了控制。

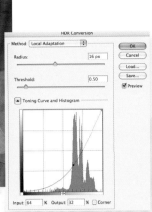

Photomatix 增强

这种模式需要更长的处理时间，但是对聚光灯的处理效果更自然。

第一次曲线调整

添加第一个控制点并将其向下拉来确定阴影区域。

最终曲线调整

将第二个控制点变成"转角"，这样就会立刻将曲线上半部拉成直线。而这种线性处理所影响的区域是"波浪"最前方表面上被聚光灯照亮的区域，效果是除了将它略微压暗以外，还可以有效地提高饱和度。

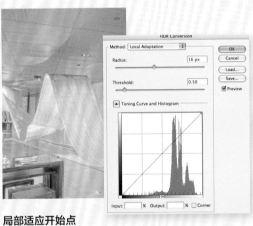

局部适应开始点

在 Photoshop 中局部适应的最初效果。

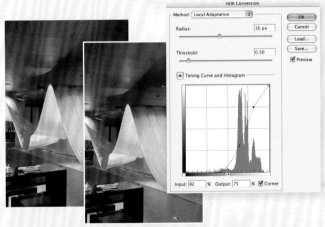

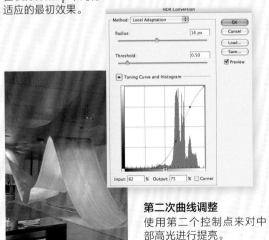

第二次曲线调整

使用第二个控制点来对中部高光进行提亮。

最终图

高级HDR曲线调整

从某种程度来说，所有曲线调整都是高级调整，更不用说在对比那些在8位和16位上进行的操作的情况下。就如同第126~133页的内容，两个控制点就可以很好地应对一般的调整需求（虽然Photoshop最多能使用14个控制点）。但是对于32位的HDR图像，因为其动态范围较高，所以我们如果一开始就使用曲线进行调整，那么影调的分布会更加复杂，这时就需要使用复杂的曲线。

拥有高动态范围的场景通常有几个区域需要我们分别处理，可以通过曲线调整，并使用特殊的技巧来进行后期。

在典型的HDR图像中，画面中的"区域"多于一个（这里的"区域"是指整个画面中的特定影调范围）。例如，在一张从室内透过窗户看户外风景的照片中，室内有一个区域，而室外则有另外一个区域。很多时候，如果在将HDR图像转换为16位或者8位图像时遇到画面不真实的问题，大多是因为将不同的区域一起进行映射。但是我们可以通过曲线以一种分为两个步骤的方式来处理这个问题：第一步是通过直方图来判断画面中的区域，第二步是在Photoshop的局部适应中使用转角选项来划分曲线。将一个控制点变成"转角"能够在曲线上设置一个节点，这样我们就能把曲线分成两个独立的部分。通过这个例子，我们可以更好地理解这种操作。在这张拍摄于上海市中心的照片中，明亮的霓虹灯是一个区域，夜空和建筑的阴影是第二个区域，剩余的中间调是第三个区域。我们的目标有3个：保持霓虹灯的亮度和饱和度；让阴影保持浓郁的同时，区分建筑最暗的部分和天空；然后给中间调增加对比度。因此曲线最终分为3个部分，从下至上分别是：保持阴影部分的浓郁和高对比度，增加中间调的对比度，保持高光的亮度。为了对比，我们可以看看为两个控制点取消选中"转角"选项后的效果：霓虹灯和阴影部分变得十分平淡，更重要的是中间调和其他两个区域融合的方式看起来很不真实。我们的结论是使用"转角"选项可以明确区分画面的不同区域。

原图
这是原图的效图，上图展示的是上海最有名的商业街之一，在Photoshop中以32位HDR图像打开（和之前一样，这是预览界面，它会因使用的软件不同而有所区别）。

在直方图上确定影调

在 Photoshop 的影调映射选项中选择局部适应后，因为颜色过于饱和而且对比度急剧下降，预览图变得很不真实。单击画面的不同区域就可以知道它们在曲线及直方图上所处的位置。在这个例子中，3 个峰值分别代表高光、中间调和阴影，为了便于区别，我在旁边的图例上用块状区域标出了它们。

最终曲线

对曲线进行进一步的微调，得到最终的图像。

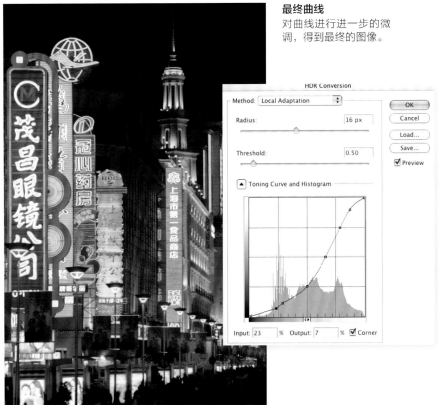

最终图

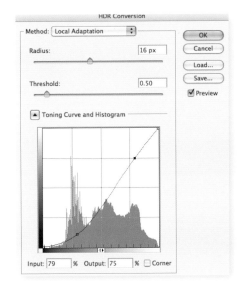

基本曲线

首先按照前文的描述对曲线进行调整。

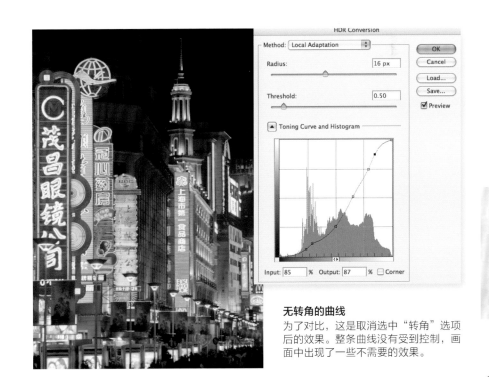

无转角的曲线

为了对比，这是取消选中"转角"选项后的效果。整条曲线没有受到控制，画面中出现了一些不需要的效果。

高级 HDR 曲线调整

147

预览HDR图像

在此，我还要提醒大家（虽然这经常给大家造成概念上的混淆）一张HDR图像的完整影调范围是无法观看的。目前没有任何媒介和技术能够接近我们的肉眼对高对比度场景的感知能力。因为显示器是我们创作的这些图像的展示媒介，而大多数显示器为8位，所以这些被新创作出来的32位HDR图像是无法以任何方式观看的。这并不奇怪，而且这些HDR图像文件其实就是使用影调映射制作的最终为8位或者16位图像的一个中间站而已。然而，我们无法通过预先观看来认识HDR图像的真实能力，这无疑是使用这种技术的一个障碍，这和浏览数据库中的缩略图和小的索引图不是一个概念。

为了一开始就弥补这种技术上的缺陷，我们可以选择14位显示器，虽然这种显示器的动态范围要远高于200:1～300:1，但是还远远不能达到32位图像的动态范围。14位显示器的价格更高昂；对于图像后期制作所需要的高准确性而言，它们是很好

8位显示器完全无法正常显示32位图像，但是对于这些高位深文件，我们有其他的预览方法。

的工具，但是并不能满足创作HDR图像的中间阶段的要求。所有的解决方案都需要某种8位的自动转译，但是这些方法都无法让我们满意。因此，对HDR图像的预览需要我们一定的想象，以及通过我们的眼睛对场景外观的最直接的记忆。这听起来也许很抽象，但是创作HDR图像的过程并非一个机械流程。它每一次都需要转化和判断，若想让两个人使用同一组照片创作出完全一样的图像几乎是不可能的。

Photomatix使用的显示方式虽然不够直观，但是是最准确且最有效的。它的主窗口显示实际的全部影调范围，当画面全部缩放的时候几乎无法识别高对比度。然而，光标所在的地方会有一个小的浮动窗口显示这个小区域优化后的图像。这个功能的目的是让我们在主窗口的画面中移动光标，然后对全部的影调产生印象。对于准确的影调映射来说，这种通过细节对全部动态范围进行细心察看的方法是无可比拟的。

其他软件尝试提供一个可分辨的低动态范围版本的图像，成效或高或低。有一些软件（如Photosphere）提供一些粗略影调映射的预设；其他软件（如OpenEXR Viewer）使用一组滑块来调节视图。值得一提的是，Photosphere的图片库工具能够快速生成JPEG格式的缩略图，因此可以很轻松地生成HDR图像。

Bridge

和很多基本浏览软件一样，Adobe的Bridge没有合适的算法来有效地生成HDR缩略图。

Photomatix

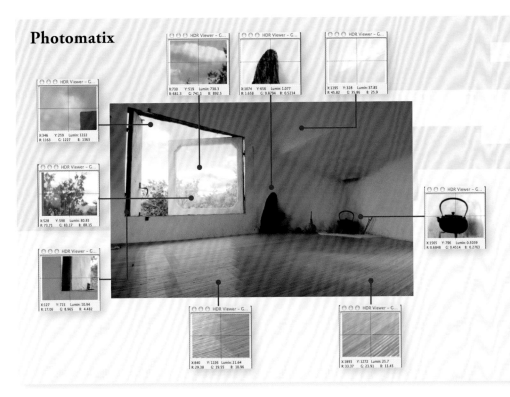

Photomatix 提供了一个极为有效的功能：在光标下方使用一个小窗口来展示优化后的图像。在这里，我列出了几个不同的小窗口，而在实际操作中，我们只会看到一个。

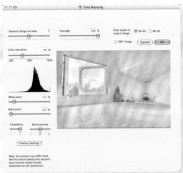

当进行影调映射时，Photomatix 能够为最终效果生成近似的预览图像，同时会出现一个警示消息，以说明因处理过程和分辨率的影响，最终的结果可能会不同。

Photosphere

目录

作为一款功能强大的 HDR 图像目录软件（还包括快速、复杂的 HDR 生成器，请参考第 138～139 页），Photosphere 使用了自动的方法来浏览 HDR 图像，并且使用了缩略图来缓存。它还使用了快速的影调映射，可以根据选项来模拟人类视觉的敏感性，从而生成每通道 8 位的可识别 JPEG 图像用于浏览。

预览

Photosphere 提供了 4 种不同的预览：无设定、自动、局部和人眼。

ILM Viewer

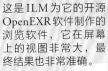

这是 ILM 为它的开源 OpenEXR 软件制作的浏览软件，它在屏幕上的视图非常大，最终结果也非常准确。

预览 HDR 图像

选择合成方法

合成曝光设置不同的照片有几种完全不同的方法，每一种方法都有各自的特点，我们需要为不同的情况选择适合的方法。很明显这是见仁见智的，但是，当动态范围变得越来越高时，我们就更有必要选择真正的 HDR 技术，并将照片转换成例如 Radiance 或 EXR 的 HDR 图像格式。

由于其天生的不可预见性及可选的一系列方法，每一张高动态范围照片都需要根据其特点单独进行处理。

一个合理的观点是，我们可以根据动态范围的极限来选择使用的方法；换句话说，我们可以准备2种或者多种流程，然后根据图像的需要进行选择。比如，当一个场景的动态范围只超出单张拍摄能力2个曝光挡的时候，我们只需要拍摄2张照片就可以覆盖其动态范围，然后使用 Photomatix 等软件的自动合成方法就可以顺利地进行合成工作。工作流程也是我们需要考虑的因素之一，即便我们

认为使用 HDR 流程可能会产生更准确的结果，但是批量处理可能会节约大量的时间且不会影响图像的质量，只需要我们之后在 Photoshop 中对亮度和对比度进行适当调整（这也可以在批量处理中自动进行）即可。对于挑剔的人，可以在16位深下进行这些操作，以避免大量数据丢失。

还有一个影响因素是最终结果的不可预见性。HDR 图像如果小心运用，可以提高色彩饱和度，但是这也可能使图像产生更多的人为痕迹。

使用 Photomatix 虽然更耗时，但是从建立最佳工作流程的角度来看是更明智的选择。因为图像的合成和场景的动态范围、不同照片的特点以及我们想达到的效果都有关，我建议大家使用批量处理，系统地尝试 HDR 图像和一系列合成方式，然后在 Photoshop 中打开所有合成图像，并根据具体情况来选择最佳结果。

HDR影调映射对比曝光合成

HDR影调映射	曝光合成
优点	优点
当动态范围很高的时候，能够保持局部的对比度； 在高亮度边缘不会产生光晕假象； 在阴影和高光部分可增强局部细节	合成照片有减少噪点的效果； 生成的照片有"自然"的效果； 流程简单易懂，参数设置很少或没有
缺点	缺点
如果相机容易产生噪点，就需要使用的照片能够覆盖场景的全部动态范围； 预览不是总能准确地展示最终结果	动态范围高的时候缺乏局部对比度； 在一些情况下会有"层次平淡"的效果； 在高对比度场景中，局部细节和光晕假象只能折中选择

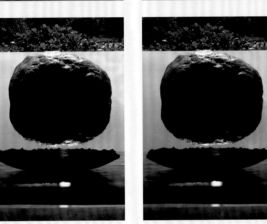

Photoshop影调映射

这两张照片是通过Photoshop的影调映射生成的。左图使用了默认选项，右图则进行了一些其他的调整。

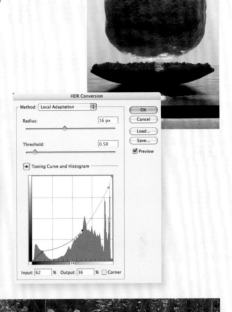

原图组

这里的一组照片捕捉了从前景的阴影到被光照亮的背景的动态范围。

Photomatix影调映射

这是Photomatix的影调映射对话框及其自动处理的结果。该结果和Photoshop影调映射的结果相比有明显的区别。

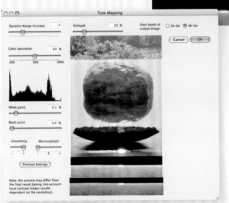

曝光合成

这张照片是使用Photomatix的曝光合成制作而成的。该功能的控制选项很少，但是有控制半径的滑块。

延时日光

捕捉高动态范围的另一个方法是对一天中不同时间的最佳光线进行拍摄。这种方法在实践上有一定的限制，因为相机在拍摄过程中不能移动，所以实际拍摄会受到制约。然而，对于这里的例子（日落前后的时段），这种方法是最理想的。对于一般的曝光包围，相机必须被固定以保证构图的一致，但是因为我们使用了延时技术，在安放和保护三脚架上就需要多加注意。我们要注意三脚架必须安稳地摆放，尤其是在地面环境有不确定因素的地方（如岩石或者草地）。我们可以考虑为三脚架添加配重来获得更强的稳定性，并在三脚架周围摆放箱子或者其他器材以防止意外的碰撞。此外，因为光线会发生变化，所以我们需要预计它对构图的影响，然后观察场景并确定其中可能移动的元素。天空是比较明显的一个元素，但是通过实践发现，不同照片里不同形态的云能够成功合成，没有很明显的人为痕迹，这是因为云的形态本身就很不固定。空气的流动也很常见，它会造成较轻柔的植物（如草和叶子）的移动（一般的曝光包围也会有这种问题），而其他的植物可能会自然地下垂或者延展。相较于在同样的光照环境下进行拍摄，这种环境更难控制，我们可能需要进行一些细节上的精修。

使用与之前同样的照片混合手段，将不同时段拍摄的相同视角的照片进行混合，可以达到最佳的光影效果。

下一页的例子是这种技术的典型应用，解决问题的方法是将日落前后的天空、剪影的轮廓和钨丝灯照明一起组合到建筑上。这些巴厘岛的房屋位于山上，从山上可以俯瞰山谷，它们被水池所环绕，在入口处的小径上拍摄就可以很好地利用水池的倒影。问题在于，生活区域的开放式结构让拍摄室内的钨丝灯显得很重要，但是它的灯光很弱。当室内外的光线平衡发生变化，让钨丝灯更为明显的时候，我们早已错过了在暮光下拍摄剪影的时段。另一个问题是

水池的前沿会显得没有特点，虽然右侧的岩石没有什么问题，但是左侧的一片漆黑会显得很乏味。

因此，我在日落前10分钟拍摄第一张照片，这个时刻是根据地平线附近云层上的光线决定的。如果天空万里无云，那么拍摄这张照片的时间要延后10分钟。为了保险起见，这张照片使用曝光包围拍摄，让一张照片保留高光的全部细节（也就是天空），另一张照片保留阴影的全部细节（曝光值高2挡）。在实际运用中，只有第一张照片用于合成，因为我后来发现前景的阴影如果有一点儿细节会让画面看起来更真实，通过阴影/高光工具进行些许的调整就能达到这样的效果。第二张照片拍摄于半个小时以后。

就像在之前的内容中提到的，合成的最终效果很难预料，而且我也想看一下不同方法所带来的不同效果。因此我将两张照片使用Photomatix的不同方法进行批量处理，包括HDR图像影调映射。最终我选择的是在Photomatix中通过HDR图像影调映射生成的照片，而Photoshop的图层合成方法则是另一个选择。最终的选择完全是主观的。

日落前
第一张照片是通过将相机固定在三脚架上拍摄得到的，拍摄时间稍晚于下午6点。EXIF信息记录了曝光值，之后它会被合成软件访问。

第5章 数码光线

日落后

第二张照片是在不移动相机或改变光圈的情况下拍摄得到的，拍摄时间为晚上6点40分。

图层合成

这种手动方法需要将一张照片叠加到另一张照片之上。最简单的方法是改变上层照片（译者注：上层照片为日落后拍摄的照片）的透明度（这里改为50%）。使用这种方法处理得到的结果比较平淡，但是之后可以通过对比度曲线得到改善。

滤色混合模式

另一个图层合成方法是保留透明度为100%，但是将上层照片的混合模式改为滤色。

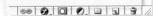

变亮混合模式

在这种图层合成方法中，依旧将透明度保持在100%，同时将上层照片的混合模式设为变亮，以更好地保留日落的色彩。

线性减淡混合模式

另一种方法是使用线性减淡模式。这样能为前景提供很好的对比度，但是天空的细节会完全丢失。

Photomatix 自动

这是一个更有效的选择。

Photomatix 平均模式

Photomatix 中的4个混合选项之一，画面会略显平淡。

延时日光

Photomatix 调整
调整模式允许用户进行一些调整。

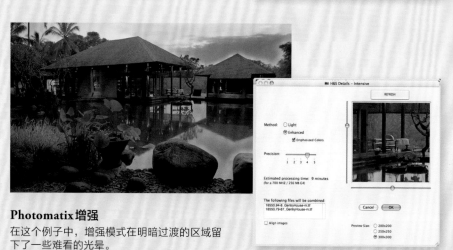

Photomatix 增强
在这个例子中，增强模式在明暗过渡的区域留下了一些难看的光晕。

Photomatix 影调映射
将HDR图像映射回LDR图像，整体画面的色彩会更绚丽。

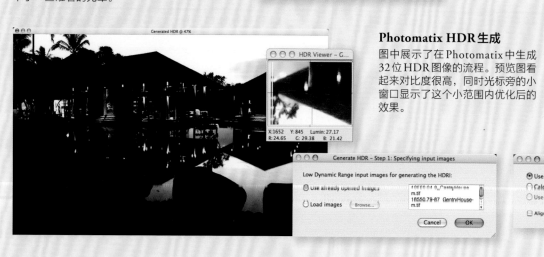

Photomatix HDR 生成
图中展示了在Photomatix中生成32位HDR图像的流程。预览图看起来对比度很高，同时光标旁的小窗口显示了这个小范围内优化后的效果。

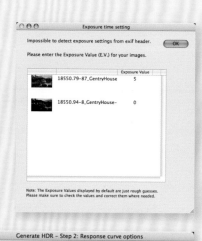

Photoshop 影调映射

Photoshop中的4种方法之一，这种方法允许通过滑块调整曝光和伽马。

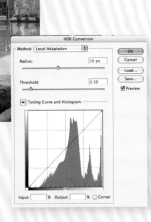

Photoshop 局部适应

这是最可控的一种方法，但是从这里展示的初始效果可以看到画面饱和度过高，画面层次过于平淡。

Photoshop 高光压缩

这是一种无法控制的方法。

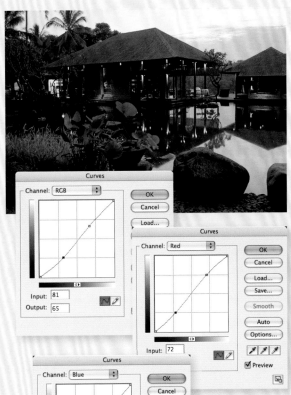
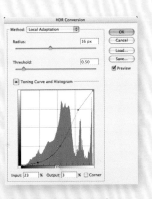

使用曲线的局部适应

曲线的第一次调整用于提高饱和度，需要保证阴影部分的阴暗程度适中。在将照片转换为16位以后，可使用正常的曲线对话框，并按照需求对色彩进行较小的调整。

Photoshop 色调均化直方图

这是另一种无法控制的方法，对比度和饱和度都会更高。

多层次照明

通过拍摄多张照片来处理高动态范围环境的另一个自然延伸，是对同一个场景使用不同的照明进行拍摄，然后将这些照片合成。这样做有 3 个基本的原因。第一个原因是我们的照明工具不够，或者是其他的技术困难（如电路过载、插座数量不够或者电源延长线的长度不够）让我们无法同时使用所有灯具。第二个原因是我们最终需要的效果不确定，但这并不一定是对效果犹豫不决（也许有客户要在确定最终效果时提出自己的意见，但是这是之后的事情）。第三个原因是这种技术不仅能够让我们对照明进行最细微的控制，还能够让我们在画面的任意位置对任意强度的光线进行任意程度的组合。例如，有一盏灯对整个画面进行照明，但是在后期过程中，通过图层和橡皮擦工具，我们可以将这盏灯的效果变成精准控制的点照明效果，只照亮某些表面。这种技术可能会很耗时，但是它值得我们尝试，实际的拍摄过程也不会比正常的多灯布光更耗时。

先通过固定相机来得到一致的构图，然后将灯具摆放在不同的位置进行拍摄并在之后进行合并。

室内花园
在拍摄之前，先观察环境中的照明情况然后决定对哪些光源曝光，再依次拍摄。这个场景中有 4 个不同的照明区域。

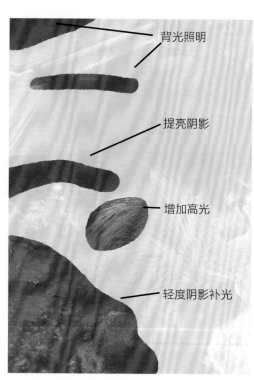

背光照明

提亮阴影

增加高光

轻度阴影补光

酒店房间

开始画面

在第一张照片中，画面中看不到人造光源或者摄影用照明器材。主光源是从窗户照射进来，并被纱帘漫射的自然日光。对于前景的阴影，我将一盏使用了蓝色凝胶的2000W金色灯对着相机后方的墙，以反射的形式进行补光。

图层合成

图层合成的第一步是将在日光下拍摄的照片放置在房间照明下的照片之上。因为效果过于强烈，所以上层照片被选择性地抹掉，以显示光线的一部分，而不是全部。

更多的合成

对于每一张使用点光源的照片，合成技巧是将点光源的照片放置在最下方图层（也就是日光和房间照明合成的图层）之上，然后将混合模式设为滤色。

调整强度

点光源的强度可以通过降低点光源图层的透明度来降低，在这里减少至70%。

照明计划

这个例子展示了所要使用的不同照明组合的计划（这个例子是房间照明和一盏摆放在不同位置的点光源的组合）。

最终合成

在使用上述方法合成了全部图层以后，我们对最终图像进行微调。

拍摄不同的照明

在相机固定且光圈不变的前提下，我们使用不同的灯光拍摄一系列照片，从房间照明开始拍。请注意，在使用点光源的时候，窗帘是完全拉上的。

多层次照明

数码炫光控制

非成像光的炫光有多种形态。当点光源（如太阳）刚好处于画面的内部边缘或外部边缘的时候，它在光圈叶片内部的反射光和折射光会形成多边形的炫光。而当画面被大面积明亮区域（如影棚中的白墙或者日光下被积雪覆盖的景色）包围的时候，会造成对比度和阴影影调的减弱。在高动态范围的画面中，明亮区域的周围也会出现漫射现象。

通常我们会以用光失误来描述这些现象，从技术上来看，它们确实对画面造成了伤害，但是有时我们也有足够的理由需要在画面中使用这样的效果。炫光能够为画面添加一种氛围以及一种真实感。当然，对于那些大幅调整过的和有特效的图像，添加炫光是一种说服观众相信场景真实性的有效方法。

在拍摄过程中使用遮光罩和黑旗可以减弱炫光效果，而使用滤镜和脏玻璃则会增强炫光效果。然而在这里我们讨论的是数码后期技术，这里的两个例子分别展示了减弱和增强炫光的效果。HDR图像因为其动态范围较高，所以更容易出现炫光，在明亮高光和黑暗阴影的清晰边缘则更容易出现这种情况。有些HDR生成软件（如Photosphere）有内置的炫光移除功能。此外，有些情况需要使用人造炫光，此时我们就要为画面添加炫光。

炫光本身没有好坏之说，而且数码技术能让摄影师对它的效果进行减弱或增强。

生成数码炫光

在这个游泳池场景的例子中，有时我们可以为了"真实性"而使照片生成数码炫光，刻意地使用这种人为效果。因为拍摄照片的时候使用了遮光罩来避免炫光，所以下面这张照片的画面十分干净，但是之后为了能使画面产生强烈日光和炎热的感觉，我们需要进行一些处理。这里我使用的软件是灯光工厂（Knoll Light Factory）为Photoshop而制作的插件。

在镜头编辑器对话框中，我们可以导入几种不同的炫光元素，每一种炫光元素都有多达10个参数滑块。在这个例子中，我导入了6种可能的炫光元素并使用了其中的3种：PolySpread用于多边形光圈图案，同时将StarFilter和PolySpikeBall叠加在光源上。

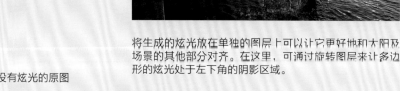

炫光会导出在黑色背景中，所以必须将它放在单独的图层上并将混合模式改为滤色，这样才能和下层照片合成。

干净的没有炫光的原图

将生成的炫光放在单独的图层上可以让它更好地和太阳及场景的其他部分对齐。在这里，可通过旋转图层来让多边形的炫光处于左下角的阴影区域。

减少炫光

在曝光正常的一系列HDR照片中，高光和阴影的边缘会出现炫光，就像这张日本的现代茶道室的照片。HDR生成软件有时可以自动处理这个问题，但是我们也常常需要手动进行校正。

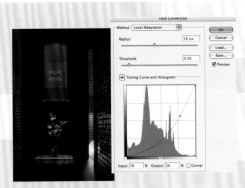

第二次曲线调整

针对HDR图像的第二个处理，使用影调映射曲线来准确地处理光源和炫光。

使用图层的影调映射

将第一张影调映射后的照片以图层的方式覆盖在第二张较暗的照片之上，并使用正片叠底混合模式。

擦除

在背景图层中，将光源周围没有炫光的区域之外的其他部分全部用笔刷擦除。

这是一组4张的原图，最后一张照片中有明显的炫光。

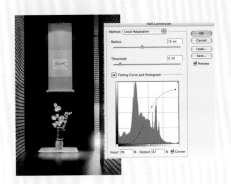

第一次曲线调整

使用Photoshop的影调映射曲线产生的效果最为明显，但是在还原阴影细节的时候会产生强烈的炫光。

最终图

流程化的技术虽然可以使照片更加精致，但是有时照片的后期调整还需要手动的辅助。

数码迷雾

大气的效果是指不同形态的霾、霭、烟和雾所形成的效果。从理论上讲，通过数码的形式将它们添加在照片中所带来的效果是较为直接的，因为它们都是对细节、影调和色彩的减弱而非加强。换句话说，信息的移除总是比人为创造简单得多。

为已经拍摄的照片创建一个深度（或者说 z 轴）映射，可以将以假乱真的大气效果添加到画面中。

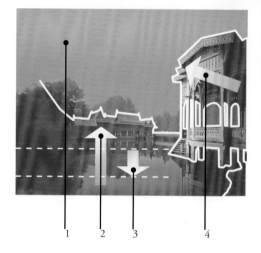

亭子的蒙版

最复杂的蒙版位于亭子附近的区域，可利用 Photoshop 的路径工具进行创建。

计划

第一步是制订一个计划，但是这个计划不一定要像这里一样精准。远处的一排树木和中央的亭子之间有一定的间隔。从真实性来看，区域 1 中迷雾的密度应该是一致的；从前景到远景（区域 2）的迷雾应该在纵深的方向上增加密度；然而靠近前景的水面会隔开含这些添加的雾气，即靠近水面的雾气很少，需要以反渐变的方式来处理区域 3；最后，右侧的亭子（区域 4）穿过了其他区域，且拥有自己的渐变方向。

曼谷的亭子

为了尝试这种手法，我选择的是位于曼谷的一处皇家园林里的柚木亭子的照片。我们需要在从前景到远景的范围内添加强烈的迷雾效果。水面右侧的亭子会让处理过程变得复杂。

天空的蒙版

通过路径和笔刷工具一起进行第二个选择，确定远景的蒙版。

合并形成区域 1

将两个蒙版合并创造出第三个蒙版，也就是区域 1 的蒙版。

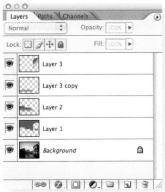

雾气的图层

对之前创造的 3 个蒙版进行同样的处理，为每一个蒙版都被填充为一个单独的雾气图层。

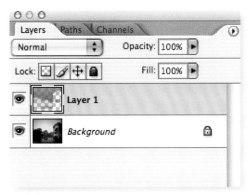

合成雾气

将 4 个填充了雾气的图层合并成一个图层。请注意在这个阶段，我们可以将组合的雾气效果以选区形式，也就是 Alpha 通道进行保存，以方便后面的调整。

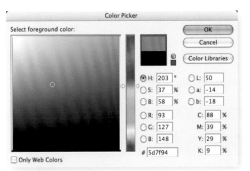

雾气的颜色

我选择蓝色为雾气的颜色。这个较深的颜色在最终画面中并不会被看到，但是它代表了雾。这个颜色会通过混合来变成较合适的最终色调。

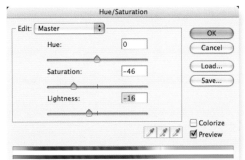

平衡图层

隐藏背景图层，然后分别调整 4 个填充了雾气的图层的饱和度和亮度，让它们相互间保持较为真实的比例关系。另一种方法是调整每一个图层的透明度。

最后的微调

对合并的雾气图层进行调整，降低其饱和度。在需要的时候还可以调整透明度（为了增加透明度可以复制图层，但是在这里并不需要）。

填充雾气

通过一个单独的图层将雾气填充到所选区域。在这个阶段，填充的密度为 100%。

最终的迷雾效果

合成日光

就像在前文中提到的，减少影调和细节是相对简单的，主要的问题是如何在画面中正确地选择区域。难度略微相反的是对日光进行提亮和细节增强的操作。这样的操作要使日光显得真实则较为困难，但是在很多情况下确实有对这种操作的需求。这种操作的问题很复杂，而对饱和度、对比度和亮度的调整则只是开始。很多效果需要运用在局部细节上，所需要的算法和HDR图像影调映射的原理非常相似。此外，在晴天和阴天的情况下，地面和天空之间在影调和色彩上的关系是相当不同的。最后，日光会使所有大小不同的物体产生明显的阴影，想要制作出这些阴影就会耗费大量时间。

复杂的光线投射算法能够让我们在多云天气或者漫射光下拍摄的照片上人为模拟日光直射的效果。

让我吃惊的是，为达到这种后期目的而特殊设计的滤镜居然只有一种名叫nikMultimedia（译者注：现为Nik Collection）的日光滤镜。和我们想象的一样，在将强度较弱或者受雾气影响的日光转换成明亮耀眼的日光时，这个滤镜的效果最佳，但是通过一些额外的工作，它还可以给阴天的照片创造一些接近日光的效果，以此为例，我还有一张在日光下拍摄的照片可用来做比较，因为我在天气转好以后又回去拍摄了一张。直接对比也许有点儿不公平，因为滤镜只能在一些情况下产生最佳效果。它使用的专有算法包括一个前期滤镜及一系列投射算法，以针对不同的日光情况和照明程度。在这个例子中，我使用了两种光线投射算法。请注意对天空的修正相对简单，将天空变成蓝色以达到心理预期的效果即可。手动添加主要的阴影而忽略细节是另一个增强感知的方法。

原图
拍摄于令人失望的阴天。

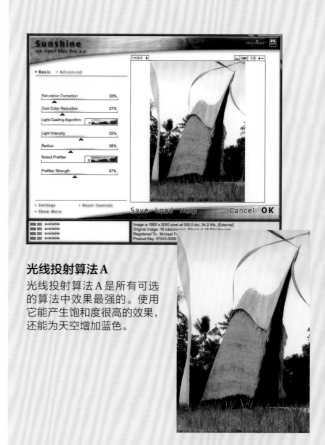

光线投射算法A
光线投射算法A是所有可选的算法中效果最强的。使用它能产生饱和度很高的效果，还能为天空增加蓝色。

光线投射算法B
使用光线投射算法B所产生的效果更温和、更真实，但是效果也更偏离"日光"。使用分屏功能可以对比使用该算法前后的效果。

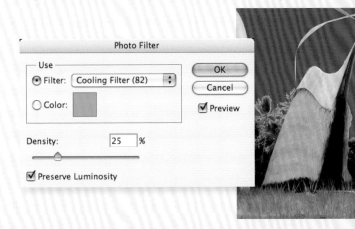

在光线投射算法 B 上加工

通过有选择地给天空增加蓝色来增强效果。

在光线投射算法 A 上加工

需要减弱棕榈茅草屋上浓郁的橙色，并手动在它的表面上添加主要阴影。

真正的日光

为了对比，这张相同场景的照片拍摄于午后，和多云的版本拍摄于同一天。

QTVR 照明

第 5 章 数码光线

360°的全景照片能够将场景完整纳入，但是画面中有光源的话则可能造成色温冲突。

QuickTime虚拟现实（QuickTime Virtual Reality，QTVR）影片是数码摄影的一种既定的目特定的形式，主要在网站上使用。创造它的过程是先将相机进行360°旋转并拍摄一系列相互重叠的照片，通过使用特殊的全景云台，来保证相机以镜头的光学中心进行旋转（以避免视差）；之后以数码的方式对照片进行拼接（可以选择的软件多种多样），并保存为QTVR格式，这样通过浏览窗口中的光标，观众就能够以互动的方式对场景进行旋转和缩进。在这里我不会对制作这类照片的细节进行过多的讲述，因为这会超出

本书的内容范围。尽管如此，我们还是需要对这类照片的照明多加留意。场景是变化多样的，同时因为这类照片覆盖了360°的场景，所以想要避免有照明问题的区域是非常困难的。

最常见的照明问题是光源通常会在照片之中，这会在360°的范围内产生很高的对比度。很多QTVR图像都属于HDR图像，但这并不一定代表所有的QTVR图像都需要按照HDR图像进行处理（请参考第136~151页），但是这确实是一种可能。有一种方法是将相机摆放在主光源（如太阳）能够被遮挡的位置。另一种方法是在拍摄过程中随着逐步接近光源小心地减少曝光值。通常在使用拼接软件的时候，我们建议不改变所有照片的曝光值，所

以这种情况刚好相反，但是却经常奏效。实际情况取决于软件对于均衡曝光操作的特点，因此我们通常需要进行一些尝试。

另一种软件常常无法解决的问题是调整整个画面的色温，色温的变化范围可能为3200K（白炽灯）～5200K（日光）。为所有照片选择同一个白平衡设置能保证照片拼接成功，但是最终的色温组合可能无法让我们接受，而且通过后期（例如使用Photoshop中的替换颜色）也很难修正。而现实情况是，就和这里的例子一样，大部分拼接软件对照片中出现的不同的白平衡设置都能成功应对。自动白平衡设置在大多数情况下也很有效。

最痛苦的流程莫过于跟随画面的移动来使用照明。安装在相机上的闪光灯效果很有限，因为它会让照片没有立体感（如卡片相机上的闪光灯），但是放置在相机后方或者一侧的照明设备能对阴影进行有效补光，只是它必须随着相机的转动而移动，而且每拍摄一张照片就需进行相应的调整。

隐藏光源

在巴厘岛拍摄这张日光下的全景照片时，太阳角度较低，我利用了午后优美的光线，而且为了避免大量的炫光，我将相机安装在三脚架上，然后放置在了椰子树树干的阴影里。这样太阳就被挡住了，而相机在对面草地上本应该出现的影子也被挡住了。

室内平衡

一家店铺的内部会有两种照明问题：灯光太多，以及两种主要色温相互冲突。

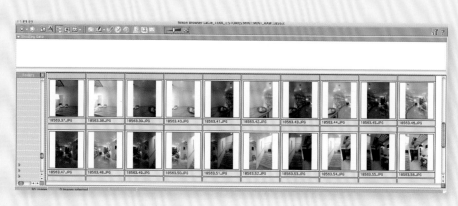

这是在拍摄360°全景照片前拍摄的两张测试照片，分别使用了日光和白炽灯白平衡设置进行拍摄，它们显示了白平衡问题的严重性。

第二个照明问题是照片中光源的高动态范围。第一个解决方案是在相机旁边放置1000U的摄影灯，并在拍摄每张照片的时候转动它。第二个解决方案是使用曝光包围进行拍摄。

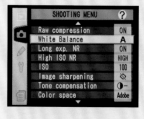

最后的决定是让相机使用自动白平衡进行色彩校正。虽然每张照片都会有明显的色温偏移，但是拼接软件能在均衡处理时解决这个问题。

在 Photomatix Pro 中对使用曝光包围拍摄的照片进行合成，并对亮度进行调整。

左图为合成后的一系列照片的缩略图。剩余的问题是大多数照片太暗，整体都略微偏红色，还有一些蓝色和绿色的局部颜色异常的问题。

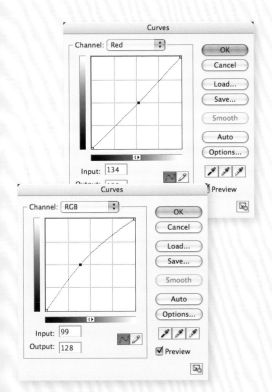

得到最终的14张相互
重叠的照片，可以对其
进行组合拼接。

使用 RealViz 的
Stitcher 5 软件进
行拼接。

每张照片的亮度都可通过曲
线进行调整，此处将红色通
道的亮度稍微降低。

通过替换颜色降低楼梯部分较
高、较蓝的色温，同样的方法还
运用于店铺远处使用钨丝灯照明
的小范围区域。

最终的图像以 QTVR 的格式
保存，可以在店铺的网站上
播放。

首先以平面的 2D 图像对全景
照片进行渲染，这样可以检
查画面的细节。

第6章
用光技巧

在之前的章节中我提到，我们可以把光线看作摄影的一种素材。因为它的特质几乎和物质一样，我们可以使用第4章中展示的器材创造它。这种方法完全可以运用在自然光上，即便在这个层面上，技术也通常围绕着对我们无法控制的光线的预判和选择。因此，本章的内容更多地在探索光线的创造，而为了进行对比，我还会列举一些类似的日光效果。

正如我们在第4章中所看到的，照明设备和用光风格是紧密相关、相辅相成的。有时技术的改善（如镝灯）能够为照明方式带来新的可能。在其他情况下，设备制造商会紧随摄影师创新的脚步，并按照之前的设计来生产商业化版本的器材，这既是为了满足市场的需求，也是为了鼓励更多的摄影师对器材进行进一步的使用。一个例子是现在极为常见的方形漫射灯具，它被称为窗灯、区域灯或柔光箱。它由20世纪60年代的静物摄影师设计并使用，目的是应对广告摄影的品味的改变，但是它的大批量生产版本直到20世纪70年代中期才出现在市场上。

在自然光环境下，在我们拍照之前，光线能给环境带来一定的对比度，这也就产生了一种用光方法：适应给定的光线环境。但是对于摄影用照明来说，尤其在摄影棚中，我们完全可以决定对比度的高低。从另一种角度来看，自然光让我们免于做出决定；对比度就是如此，我们所能做的也极其有限。然而在一个完全受控的摄影棚中，我们必须选择合适的对比度。如果我们不选择，那么我们就失去了对光线的完全控制。

毫无疑问，照明设计一直影响着市场，很多摄影师会一直尝试新的技术。不可避免的是，由于很多风格已经被一用再用，一些已经长时间退出潮流的老式风格可能重新唤起摄影师们的灵感。例如，在20世纪80年代，构成主义和包豪斯设计运动的风格重新流行了起来（包豪斯对德国1919—1933年的现代艺术和建筑学校产生了重要的影响）。这激发了摄影师们对直射灯和聚光灯的使用，以此来创造锐利的阴影形状，模仿包豪斯明亮、硬朗和实用主义的风格。风格经常重复出现，我们可以从中得到结论，那就是没有任何事情是一成不变的，除了纯粹的技术领域的狭窄范围，其他领域通常不存在所谓的"绝对正确"。

明暗法

在众多的光线风格中，我选择了明暗法来作为本章的开始，其中一部分原因是它是一个可以进行深入探索的领域，还有一部分原因是它和对比度有着密不可分的关系。"chiaroscuro"一词源自意大利语的"光明"（chiaro）和"黑暗"（scuro），所以被译为"明暗法"，当运用在绘画中时，它具有"普通"和"特殊"两个含义，而这两个含义都和高对比度有关。本书中的大部分内容都或多或少和对比度有着密切的关系：何时且如何对其进行运用；如何处理对比度；将其作为问题处理还是运用其让画面变得丰富的特质等。

明暗法在文艺复兴时期是一种得到高度发展的绘画技法，它的不同演绎也十分有趣。有些人认为它是一种通过明暗渐变（而非线条）来创造出一种圆形、三维立体图形的幻觉的手法。还有人认为它可以通过光斑的照射，或者阴影的遮挡来突出主体。另一种创造戏剧性效果的手段是将画面非常亮和非常暗的区域放在相对的位置上，并使用有限的色彩。这些手法适用于绘画，同样适用于摄影，它可以作为本书技术部分的解决方案，因为之前我们一直在讨论解决高对比度的方法。

对比度（画面中明暗之间的区别）影响着光线的质量及照片的美感，这也是要优先于其他内容来考虑对比度的重要原因。对比度是否恰当取决于3个因素：我们想要保留的阴影细节、照片的画面设计以及画面的氛围。通常保留阴影细节是直截了当的选择。如果摄影的目的是纯粹的再现，阴影细节的缺乏通常不产生好的影响，而物体本身的自然特性就会立刻告诉我们它是否有重要的或者有意思的

一束照射在物体上的、斑驳的、高对比度的光线可以营造气氛和戏剧性，为一个平淡无奇的场景带来有趣的效果。

睡觉的人

一名男子睡在屋内的地板上。从上面的窗户照射进来的光线和较暗的室内环境组合形成了一种集中的效果，从而让场景更加抽象并耐人寻味。

图案插片

放置在光源内部或者前面的、有图案的、能够为场景带来阴暗法的阴影图案的遮挡屏称为图案插片（有时还叫作遮光插片或饼干插片）。

大楼之光

马萨诸塞州的 Shaker 大楼里，不完美的玻璃窗在抽屉柜上投射出斑驳的波浪图案。

阴影细节（如花瓶周围的装饰）。

阴影可以通过它们的形状以及黑色的色块来平衡画面中的明亮部分，并以此对画面的设计做出贡献。如果阴影部分刚硬且黑暗，它们的几何效果会让我们有足够的理由保留它们。第三个因素是画面的氛围，它的定义比较模糊，但通常是照片不可缺少的组成部分。高对比度和强烈的阴影能创造刚硬感，有时甚至是戏剧性；低对比度通常比较柔和，不是特别锐利。

自制图案插片

使用马克笔在透明胶片上画上物体或者图案，然后将其放置在光源的光路上以产生阴影，比如这张前哥伦布时期的金项链的照片。

阴影的几何图案

上图是使用望远镜头拍摄的卢克索附近的一座埃及神庙中的一排柱子，压缩的视角及锐利、深邃的阴影形成了一种几何形状的抽象画面。

明暗法

展现纹理

从技术上来看，纹理是影调的一种特征，能够从宏观和微观的角度，通过对阴影的控制来对纹理进行展现或隐蔽。虽然这有点儿像陈词滥调，但是当光线以很低的角度扫过物体表面的时候，拍摄主体能够展现出最明显的纹理。在很大程度上，这是正确的观点，但是它忽略了其他更细微的问题，例如纹理本身的特性和尺寸，光线的照射角度是从前面、侧面还是背面，以及光源的漫射或集中程度。从更为根本的角度来看，我们假定在照片中对纹理的展现越明显，画面效果就越好。然而在大多数情况下，画面中明显的纹理能够转移观众对其他元素的注意。

不论其他因素如何，光线的方向和质量对纹理的呈现方式有最强的作用，这会根据材料的不同产生不同的效果。

纹理的大小取决于拍摄的距离，就像下一页稻田的照片，这是通过一支中长焦段镜头在200米以外拍摄的照片，展现了极细腻的纹理，看起来像是动物身上的皮毛。这类细腻的纹理在点光源下能够有最好的展现，因为每一个独立的阴影"单元"（在这个例子中为水稻的叶片）在画面中的比例较小。漫射程度更高的光线会给它们形成更柔软的边缘，在这个尺寸上很难被人注意。在粗糙表面上的强硬光线会将纹理的细节隐藏在阴影里，可能会让照片看起来过于杂乱。光线的角度也十分重要。任何角度的侧光和背光都会比正面光产生更多的阴影（请参考第176～193页），因此会展现更多的纹理。

很多物体表面还会带有不同尺寸的纹理，这会让光线的选择更加复杂。例如在一面有浅浮雕的石墙上，从远处大范围观看时，浅浮雕是一种纹理；然而在近距离观看时，可以看到石头上不同元素的颗粒所形成的纹理。

埃及雕像
正午的阳光以锐角扫过这座雕像的面部，清晰地展现了其光滑细腻的表面和鼻子处破损区域的纹理的不同。

曼谷的大米驳船
午后的背光同时展示了两种不同的纹理（断断续续的波光的纹理及驳船顶篷上的纹理）。

牛皮纸
几乎沿着白色牛皮纸边缘照射的点光源展现了这种纸张的细腻纹理。

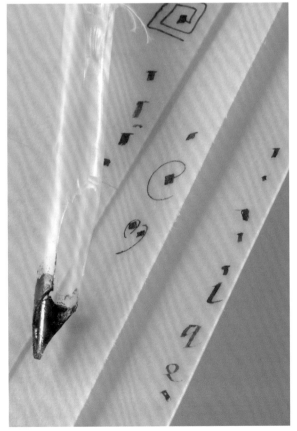

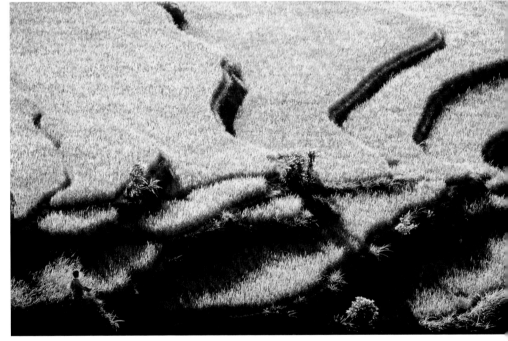

水稻梯田
尺寸和光线一样能影响纹理的展现。从远处看，这些巴厘岛梯田具有丰富的纹理，看起来像近距离看到的动物皮毛。

透明度和半透明度

透明度和半透明度的区别是能见度，以及伴随的折射的副作用不同。透明材料有足够的透明性可以透过它看到影像；半透明材料允许部分光线穿透，可以在背光时发亮，但是无法透过它看到影像。事实上，半透明材料与透明材料相比能够提供更多的处理选择，因为我们可以忽略材料的特质。

能够透光的物体为充满戏剧性且优雅的照明提供了可能性，背光和折射也起到了至关重要的作用。

处理透明度和半透明度的主要方法是在适当留意的情况下（请参考第196～197页）使用背光照明。一种方法是设置好一个大面积的背光区域，在物体背后放置漫射材料，使其面对相机，让光源从足够远的位置给物体提供均匀的照明。这种方法成功的关键是确保边缘清晰。

最困难的一种情况是圆形或者球形的无色透明物体，其弧形边缘远离相机，它们的边缘因为反射背光可能会逐渐消失。一般的解决方法是在物体两侧都放上黑卡，且确保黑卡在画面之外；这样透明的边缘就会反射这些黑卡，从而显现出边缘的轮廓。将黑卡剪成边缘的形状可以进一步改善效果。在任何情况下，只要遮挡画面外的部分就可

空瓶子
在一个香水瓶设计工作室里，雕刻和浇铸的彩色树脂块被放在了灯箱的半透明有机玻璃上，获得了清晰的背光效果。

背光的羽毛笔
一个工作室的半透明百叶窗被拉了下来，给准备做成笔的羽毛带来了大致均匀的背光照明。

玻璃通道
在日本的一家工程公司里，照明设计强调了长盒状的入口，在夜晚会让建筑周围的玻璃墙显得很暗。

以减少炫光。

有些半透明物体能够吸收一定量的光线，其中密度较高的半透明物体相比其背景就会有很明显的细节损失。这种情况下的预防措施是限制背光的照射范围，让背光刚好位于物体的背后。预防效果最好的方法是将物体放置在深色背景前，然后将光源直接放在物体背后，让光线直接照射至物体，并使用物体的轮廓在视线上遮挡光源。尺寸比较大的物体会带来一定的难度，因为它会挡住背光。然而如果物体尺寸较小，我们就需要寻找缩小背光光源尺寸，或进行遮挡的方法以确保没有光线从物体的边缘溢出（如果近距离拍摄就会容易一些）。这种方法的一个变形是在物体背后且在画面外的位置使用聚光灯。

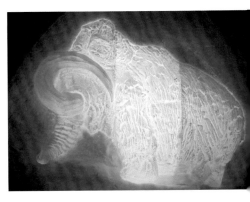

玻璃板墙
艺术家丹尼·莱恩（Danny Lane）创作的玻璃板墙反射着午后的日光。

冰窗
在瑞典的冰酒店中，光线从雕刻成猛犸象的窗口照射进来。

液体

当完全静止时，装在透明容器（如玻璃杯和玻璃瓶）中的液体可以看作其他任何类型的透明材料，但是当液体开始移动的时候，照明就需要特别的关注和技术才能捕捉到液体的流淌瞬间。照明持续时间很短的闪光灯是必要的，但是在拍摄每张照片都无法预测。一般来说，如果我们拍摄的是无法重复的照片，例如将液体倒入容器中或者在液体中丢入一块冰块，拍摄环境在拍摄每一张照片以后都需要进行调整，也就是清空、整理和重新摆放。只有拍摄一些测试照片才不需要进行这样的操作。

主光源的摆放

通 过使用一个或多个第4章中介绍的灯架和其他支架，灯具及其配件可以在拍摄主体和相机前以任意角度进行摆放。最常见的相机视角在水平至向下30°角之间，但是这个限定范围更多地是为了方便拍摄。在这里，我们更感兴趣的是光线的方向，不用考虑相机、拍摄主体和光线是否调整了角度或者倒置，以方便拍摄。

光线、拍摄主体和相机之间的角度关系是任何布光的基础。布光决定了照片的特质。

我们在第42～47页讨论日光的不同角度时，将太阳看作物体周围的一种照明球体。我们可以以同样的角度来探讨受控的摄影照明，只是它们之间有一定的区别。第一个是我们可以使用数盏灯，因此可能存在不同的照明角度；然而在大多数的照明布景中，只有一个方向的光线占主导地位。第二个区别是在摄影棚中，球体下半部的光源方向也成了有效的照明方向；光源可以降低角度并向上照明，或者为了方便，可以将拍摄主体放平，将相机向下拍摄，这样就能使用更常见、更简单的灯架。但不论如何，自下而上的照明都是不常见的；根据我们的经验，这是不寻常的。第三个区别是摄影棚可以对这个球体进行更细致的区域划分，因为我们可以对摄影照明进行完全的控制。因此，我们对光线方向的辨别能力也会更强。即便只有几度的细微变化也能成为相当重要的影响因素，因为它们可以造成照明效果的不同。

就像太阳的角度能够使室外摄影发生质的变化，摄影棚内灯的不同位置也适用于不同的物体和表面。作为实践的参考，在接下来的几页，我们展示了两种不同的拍摄主体（一种是白色的颅相学模型，另一种是近球体的彩绘艺术品）并将其放置在同样的光线下。最简单的光线方向和最常见的相机角度类似，大约在水平和向下30°～40°，我们只需要使用简单的三脚架就可以实现这样的布光。灯架折叠起来的高度会决定我们放置灯的最低极限，但是增加拍摄主体的高度是另一种选择。在高过头顶的位置拍摄需要更多的努力，但是却很有效。为了练习，我们可以选择一个尺寸合适的物体来研究光照方向上的细微差别，而这种练习也是很有价值的，如果

3/4 照明

单个主光源最标准的位置是在拍摄主体正前方和侧面之间，通常会略微高于拍摄主体。

角度的变化

即便在3/4照明的定义之内，正面和侧面的照明也会适用于不同的题材。这个旧的爱迪生电报机的对称性需要在完全正面的角度使用柔光箱进行拍摄，而这组人物模型则需要传统的单侧照明。

能结合第184~193页的例子中不同的阴影补光技巧效果就会更好。最好的练习方式是对多个物体进行拍摄：一个静物物体，一张面孔，以及我们能想到的其他物体。物体越圆，其能提供的不同的平面就更多。不同的光照角度之间的差别就更细微。这种练习主要是为了分析不同光照角度的不同效果，同时也是使用影棚照明设备的实践。我们需要特别注意灯光的稳定性和安全性，避免诸如灯光不平衡，以及被地上的线缆绊倒这样的问题。

项目：不同的照明方向

最简单的照明方向和相机最常用的拍摄角度类似（大约在水平和向下30°~40°），因为这样我们可以只使用简单的三脚架。灯架折叠起来的高度会决定我们放置灯的最低极限，但是增加拍摄主体的高度是另一种有效的选择。

头部特写
电视访谈的标准照明是在3/4侧面使用一个柔光箱，同时使用反光板或次光源对阴影进行补光。

主光源的摆放

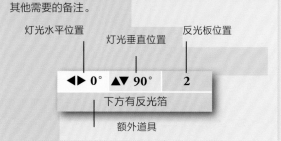

灯光水平位置　　　　灯光垂直位置　　　反光板位置

◀▶ 0°　　▲▼ 90°　　　2

下方有反光箔

额外道具

照明位置

这里给出的照明位置是以拍摄主体为基准测量的水平方向和垂直方向的相对位置。可能使用的反光板的位置以数字标注。相机和拍摄主体保持不动。

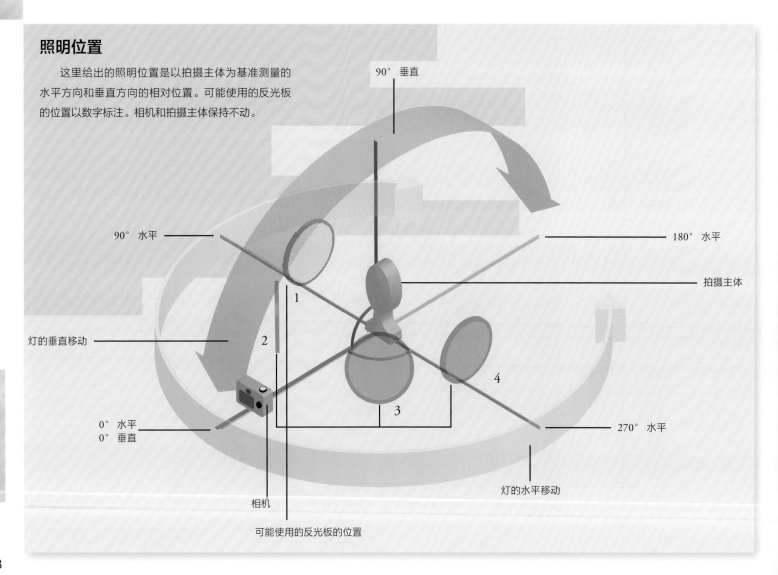

90° 垂直

90° 水平

180° 水平

拍摄主体

1

灯的垂直移动

2

4

3

0° 水平
0° 垂直

270° 水平

灯的水平移动

相机

可能使用的反光板的位置

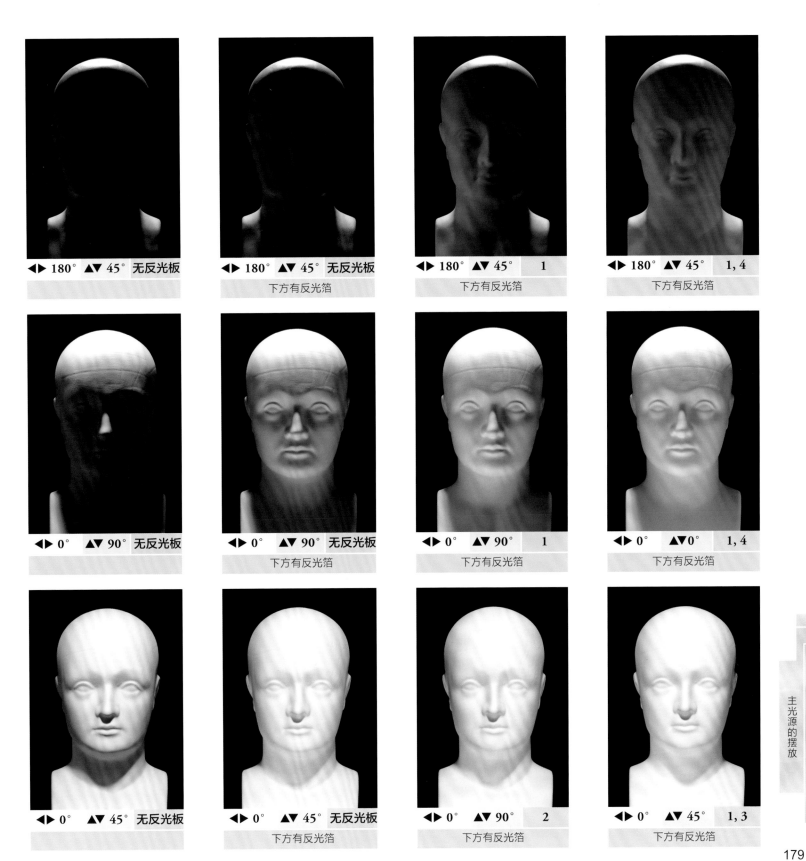

◀▶ 180° ▲▼ 45° 无反光板

◀▶ 180° ▲▼ 45° 无反光板
下方有反光箔

◀▶ 180° ▲▼ 45° 1
下方有反光箔

◀▶ 180° ▲▼ 45° 1, 4
下方有反光箔

◀▶ 0° ▲▼ 90° 无反光板

◀▶ 0° ▲▼ 90° 无反光板
下方有反光箔

◀▶ 0° ▲▼ 90° 1
下方有反光箔

◀▶ 0° ▲▼ 0° 1, 4
下方有反光箔

◀▶ 0° ▲▼ 45° 无反光板

◀▶ 0° ▲▼ 45° 无反光板
下方有反光箔

◀▶ 0° ▲▼ 90° 2
下方有反光箔

◀▶ 0° ▲▼ 45° 1, 3
下方有反光箔

主
光
源
的
摆
放

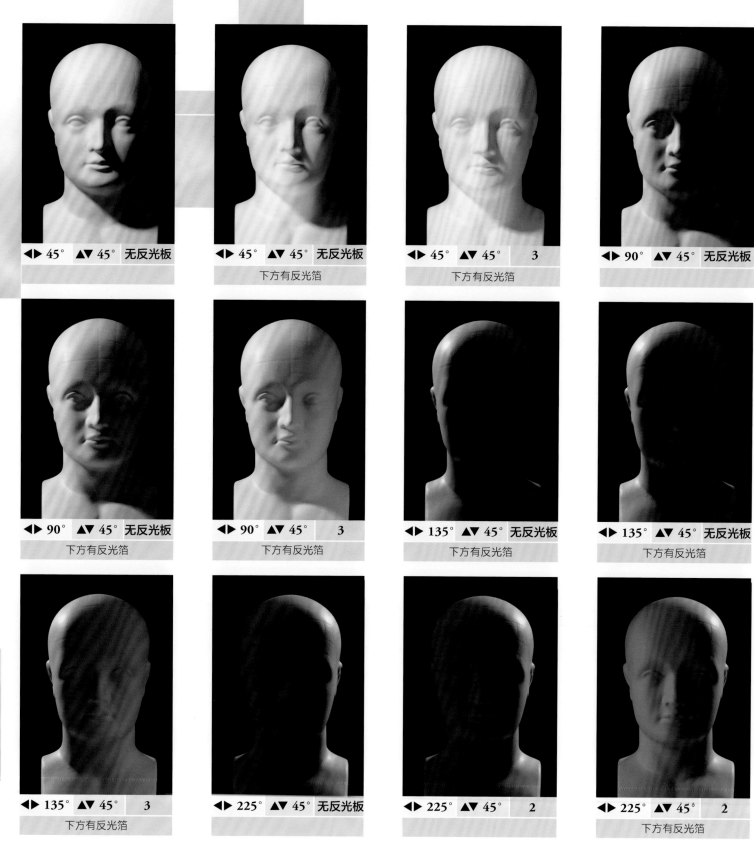

◀▶ 45° ▲▼ 45° 无反光板

◀▶ 45° ▲▼ 45° 无反光板
下方有反光箔

◀▶ 45° ▲▼ 45° 3
下方有反光箔

◀▶ 90° ▲▼ 45° 无反光板

◀▶ 90° ▲▼ 45° 无反光板
下方有反光箔

◀▶ 90° ▲▼ 45° 3
下方有反光箔

◀▶ 135° ▲▼ 45° 无反光板
下方有反光箔

◀▶ 135° ▲▼ 45° 无反光板
下方有反光箔

◀▶ 135° ▲▼ 45° 3
下方有反光箔

◀▶ 225° ▲▼ 45° 无反光板

◀▶ 225° ▲▼ 45° 2

◀▶ 225° ▲▼ 45° 2
下方有反光箔

第6章 用光技巧

180

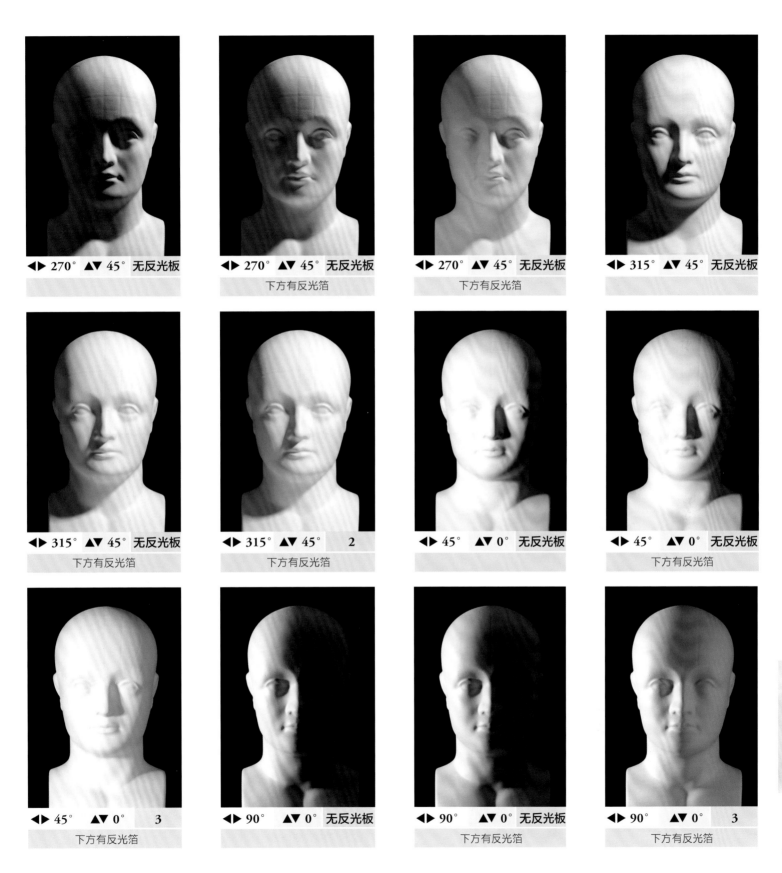

◀▶ 270° ▲▼ 45° **无反光板**

◀▶ 270° ▲▼ 45° **无反光板**
下方有反光箔

◀▶ 270° ▲▼ 45° **无反光板**
下方有反光箔

◀▶ 315° ▲▼ 45° **无反光板**

◀▶ 315° ▲▼ 45° **无反光板**
下方有反光箔

◀▶ 315° ▲▼ 45° **2**
下方有反光箔

◀▶ 45° ▲▼ 0° **无反光板**

◀▶ 45° ▲▼ 0° **无反光板**
下方有反光箔

◀▶ 45° ▲▼ 0° **3**
下方有反光箔

◀▶ 90° ▲▼ 0° **无反光板**

◀▶ 90° ▲▼ 0° **无反光板**
下方有反光箔

◀▶ 90° ▲▼ 0° **3**
下方有反光箔

主光源的摆放

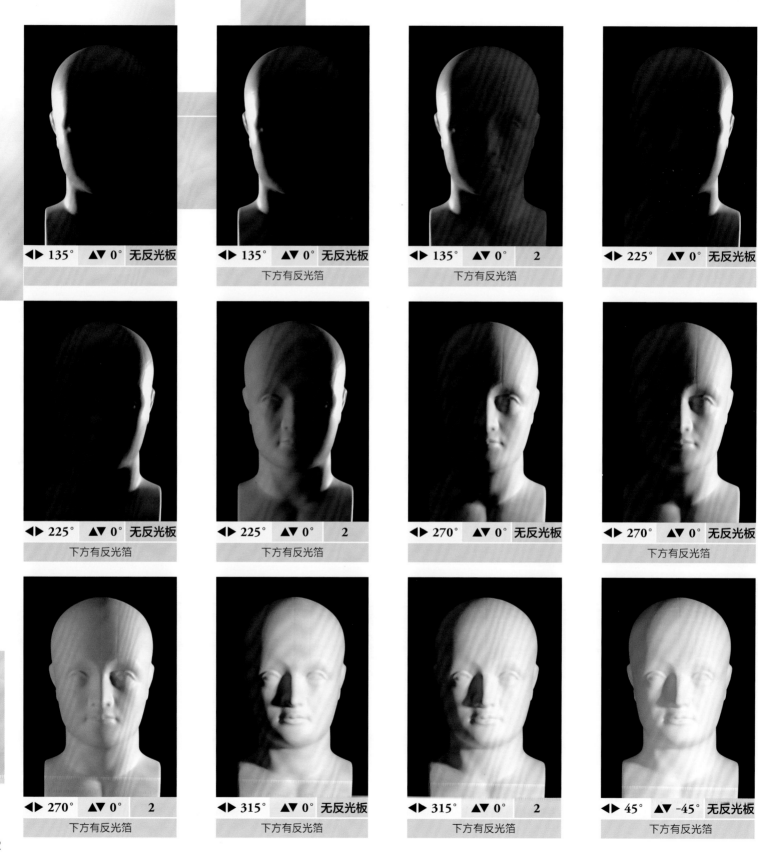

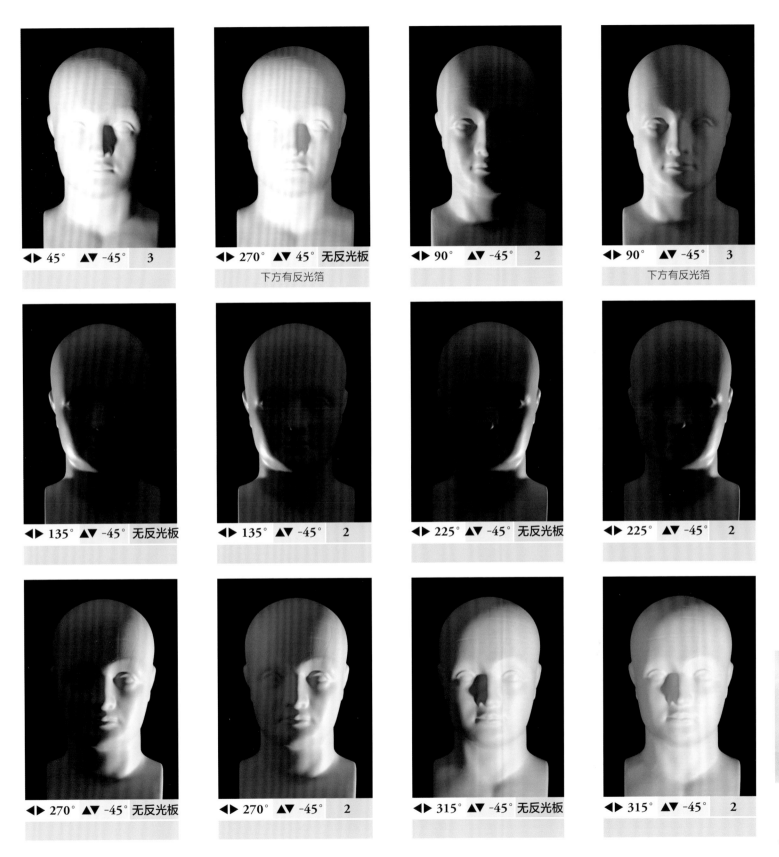

◀▶ 45° ▲▼ -45° 3

◀▶ 270° ▲▼ 45° 无反光板
下方有反光箔

◀▶ 90° ▲▼ -45° 2

◀▶ 90° ▲▼ -45° 3
下方有反光箔

◀▶ 135° ▲▼ -45° 无反光板

◀▶ 135° ▲▼ -45° 2

◀▶ 225° ▲▼ -45° 无反光板

◀▶ 225° ▲▼ -45° 2

◀▶ 270° ▲▼ -45° 无反光板

◀▶ 270° ▲▼ -45° 2

◀▶ 315° ▲▼ -45° 无反光板

◀▶ 315° ▲▼ -45° 2

主光源的摆放

补光和反光板

就像我们在前几页看到的那样，单一主光源会给物体的另一侧留下阴影，阴影的密度取决于光线的角度及光线的漫射程度。它是以对比度范围（动态范围）为基准来测量的。通过第170~171页的内容我们可以知道，强烈的阴影可以对照片效果起到一定的增强作用，但是在传统的影棚拍摄中，对拍摄主体的清晰表达十分重要，对控制对比度的需求则更强。

在布光时，标准的第二个步骤是在主光源的另一侧使用反光板或者低亮度光源对阴影进行补光。

给阴影补光的最基本的方法是将主光源发出的一部分光线反射到阴影中。更进一步的方法是添加一盏补光灯，作为额外的照明工具放置在主光源的对面。但是在开始之前，我们需要知道拍摄用房间的基本条件。大部分室内环境（包括摄影棚）可以通过墙面、天花板和家具反射一部分光。房间越小，这些墙体和物体与拍摄主体和摄影布景的距离就越近，自然反光的效果就越强。我们通常不需要对这种环境进行任何的改变。这在不使用吸光板的情况下，决定了我们能获得的最好效果。而能够完全控制对比度的最理想的环境是一个完全不会反射光线的房间，一个被黑色油漆涂满的房间。对摄影而言，这相当于在一张白纸上作画。

反光板能够为阴影补光的量取决于其材料的反射性及其（相对于拍摄主体）尺寸。如果需要比反光板更好的阴影补光效果，就需要添加灯光，可以通过反光（使光源背对布景并对准一个反光板），或者在主光源对面直接对准拍摄物体的方式进行照明。请在接下来几页参考相应的效果。

反光板材料

漫射最弱；失光最少
聚酯薄膜 / 镜子
铝箔：光滑，亮面
铝箔：光滑，亚光面
纤维织物：金属纤维
铝箔：有褶皱，亮面
铝箔：有褶皱，亚光面
喷涂板：高光泽
喷涂板：中光泽
喷涂板：半亚光
纤维织物：白色 / 卡纸：白色
喷涂板：亚光白
聚苯乙烯 / 泡沫芯板
漫射最强；失光最多

用离机闪光灯补光
在伊里安查亚的一个诊所里，从左后方的窗户穿过的日光为这里提供了自然光照明，但是拍摄主体，尤其是肤色较深的妇女和儿童，依然处于面对相机的较深的阴影里。我们可以使用闪光灯延长线来启动一个小的被放置在相机左侧的闪光灯进行补光。

检查对比度范围

首先将一盏没有发生漫射的灯放置在侧面照明的位置，请参考后几页的例子。如果我们有手持的入射光测光表，将测光表正对光源进行第一次测光，再背对光源进行第二次测光。两个测光值的区别就是对比度的范围。接下来将一片黑色材料（最好是黑色天鹅绒）悬挂在正对光源的位置，然后用测光表对着它（也就是背对光源）进行测光。第一次测光和第三次测光给我们提供了最大的对比度范围；如果黑色材料能造成很大的差别，则说明房间非常明亮。

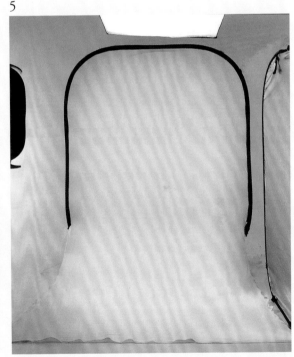

反光板

1 灯笼是为了产生柔和的、全方向的直射灯光效果而设计的，非常适合用来补光。图中通过使用挂钩和套环固定的黑色遮布可以选择性地遮挡光线。

2 图中所示为小灯架上使用的托架和框架，为了调整并固定反光板而设计。

3 安装在漫射板托架上的银色环形反光板可以给基础照明快速提供漫射效果。

4 三折反光板是特别为美妆人像而设计的反光板系统。折页设计让每一片可折叠的反光板都能独立进行调整，并且能够在为下颌部分的阴影补光的同时为眼睛部分添加高光。

5 将 1.8m×1.2m 的可折叠银色反光板放置在具有相似设计的可折叠背景板旁边，这个尺寸是为了拍摄站立全身照而设计的。

补光和反光板

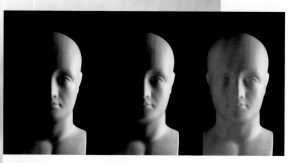

反光板

从左至右的一系列照片显示了没有反光板，一个底部反光板和一个底部反光板加侧面反光板的效果。

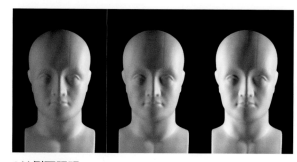

3/4侧面照明

这一系列的照片展现了3/4侧面（第180页所展示的45°水平位置）的对面补光灯在1/4功率，1/2功率和全功率时的效果。

侧面照明

这一系列的照片显示了侧面补光灯在1/4功率，1/2功率和全功率时的效果。

球体

在这一系列的照片中，球体右侧全部使用同样的照明方式，但是会对左侧的光线进行改变，包括使用反光板或使用补光灯的1/4功率、1/2功率和全功率设置。我们使用黑色和白色背景进行对比。

无反光板　　　反光板

1/4补光　　　1/2补光　　　全补光

塑像

在这一系列的照片中，每一张照片都在塑像右侧使用80cm×60cm的柔光箱进行照明。在塑像左侧，我们使用了不同的反光材料和灯光。我们使用黑色和白色背景进行对比。

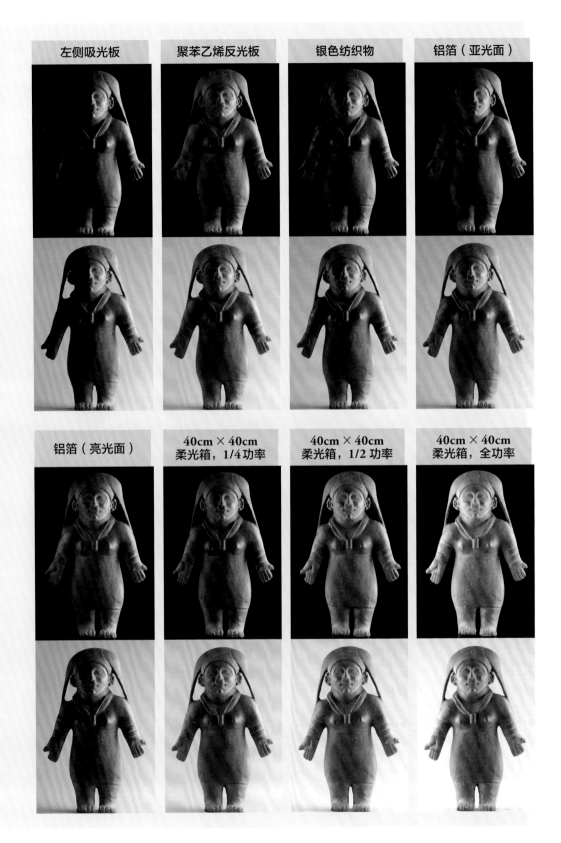

左侧吸光板

聚苯乙烯反光板

银色纺织物

铝箔（亚光面）

铝箔（亮光面）

40cm×40cm柔光箱，1/4功率

40cm×40cm柔光箱，1/2功率

40cm×40cm柔光箱，全功率

补光和反光板

187

补光和反光板

图注说明

本表格中的照片显示的是在同样的照明条件下，使用柔光箱或直射灯的不同效果。表格第一列主要说明灯光的位置，请参考第178页的图来了解灯光水平位置、垂直位置和反光板的位置。

阴影补光

本页为了对比阴影补光的效果，使用了一个标准的银色亚光反光板（请注意和前几页的补光相比，这是多么缺乏持续性）。每一个照明方向都有两张图：不补光和补光。底板为中性灰塑料，背景为距离较远的黑色（天鹅绒）。当主光源在拍摄主体背面而非正面的时候，阴影补光效果更为明显，也更有必要。

和前几页一样，我们使用了完全相同的照明方向，不同的是球体被放置在一个白色塑料铲上。这就立刻提供了比较明显的环境光补光效果，当主光源位于拍摄主体正上方时，一块银色亚光反光板的补光效果几乎不会被看到。主光源为40cm×40cm的方形柔光箱。

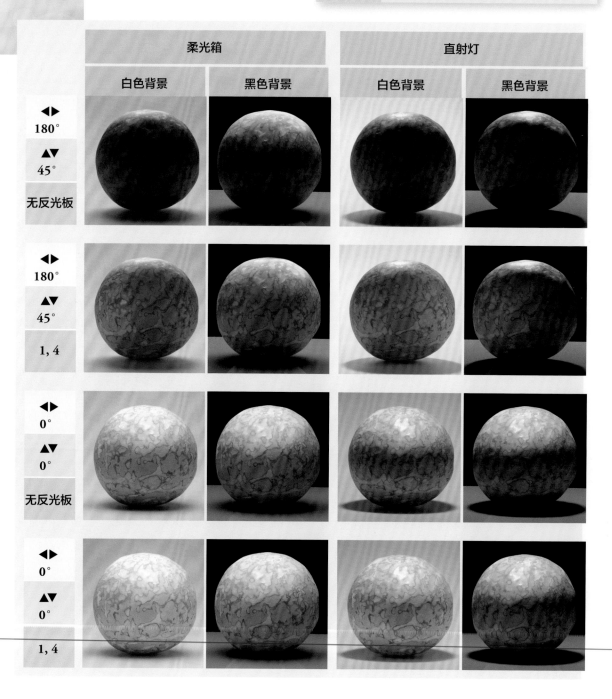

	柔光箱		直射灯	
	白色背景	黑色背景	白色背景	黑色背景
◀▶ 180° ▲▼ 45° 无反光板				
◀▶ 180° ▲▼ 45° 1, 4				
◀▶ 0° ▲▼ 0° 无反光板				
◀▶ 0° ▲▼ 0° 1, 4				

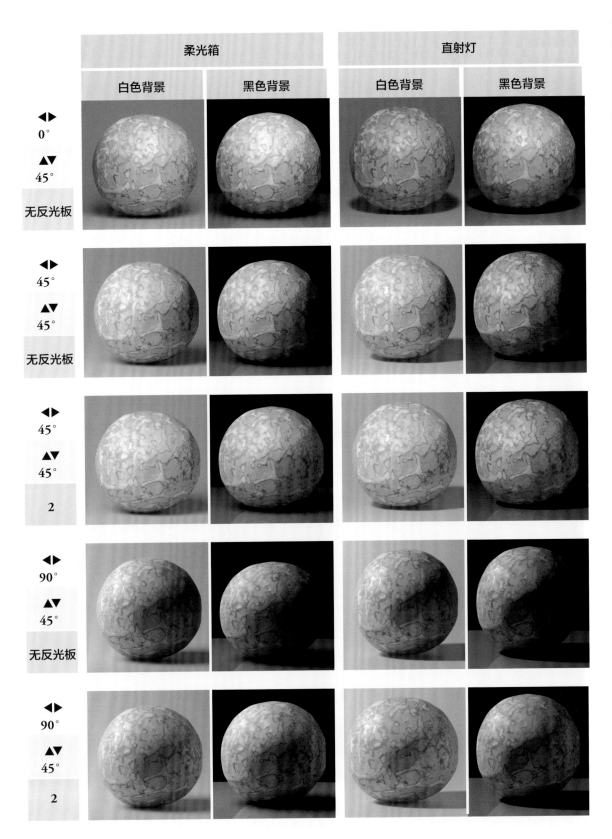

	柔光箱		直射灯	
	白色背景	黑色背景	白色背景	黑色背景

◀▶ 0°
▲▼ 45°
无反光板

◀▶ 45°
▲▼ 45°
无反光板

◀▶ 45°
▲▼ 45°
2

◀▶ 90°
▲▼ 45°
无反光板

◀▶ 90°
▲▼ 45°
2

拍摄主体

这些照片里使用的模型是艺术家柴田由佳子创作的一个绘制了大理石纹路的近似球体的物体。

柔光箱

也叫作窗户灯，能够提供漫射的照明光。

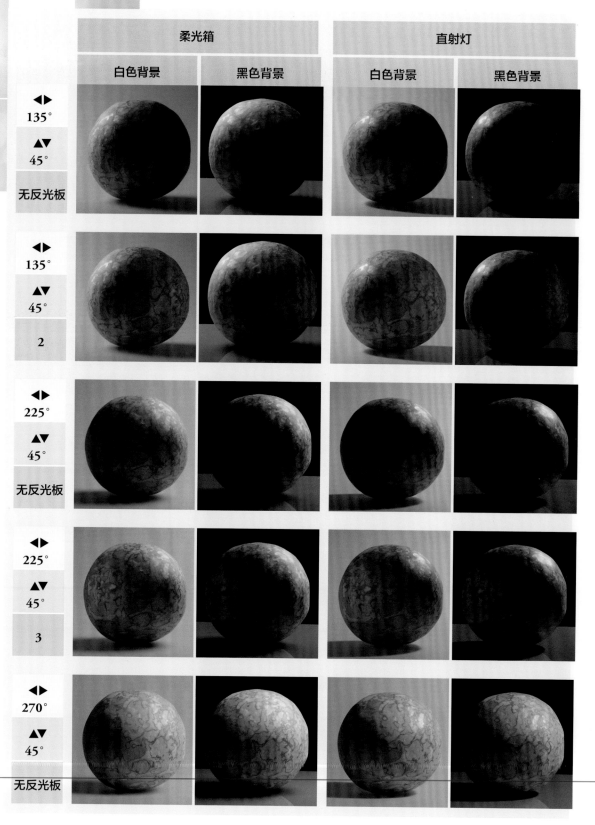

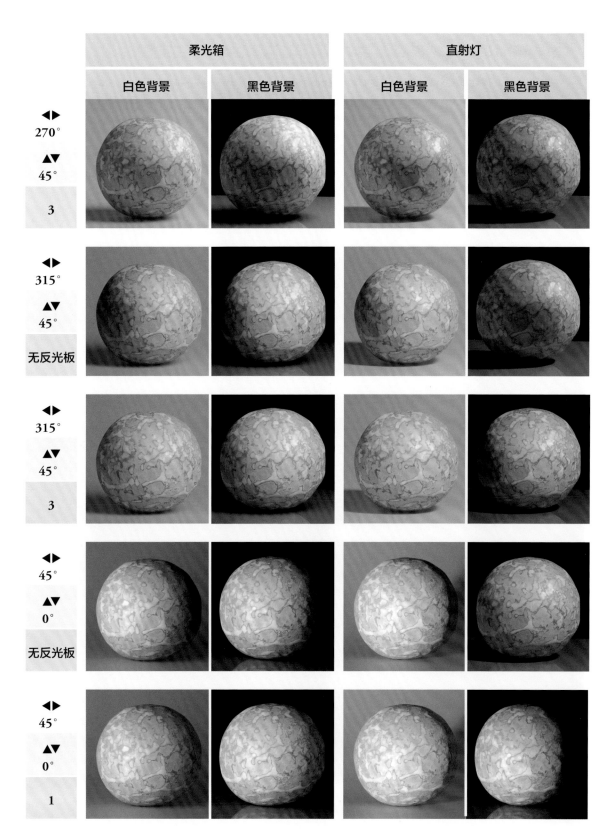

	柔光箱		直射灯	
	白色背景	黑色背景	白色背景	黑色背景
◀▶ 270° ▲▼ 45° 3				
◀▶ 315° ▲▼ 45° 无反光板				
◀▶ 315° ▲▼ 45° 3				
◀▶ 45° ▲▼ 0° 无反光板				
◀▶ 45° ▲▼ 0° 1				

柔和的阴影

当被柔光箱照亮时，拍摄主体边缘的阴影比较柔和；请将这种效果和直射灯的效果进行对比。

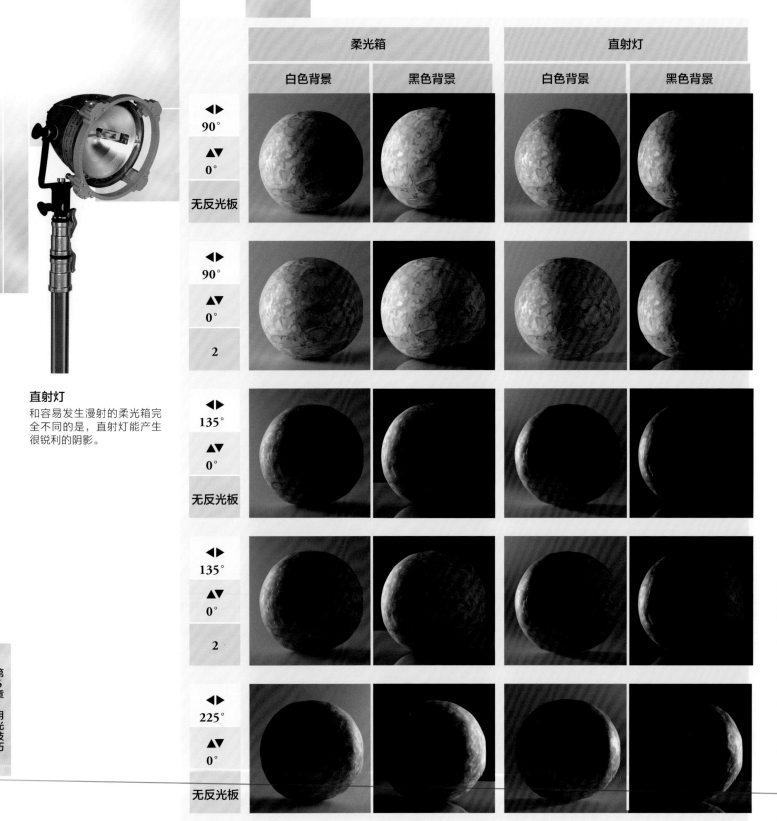

柔光箱 | 直射灯

白色背景 | 黑色背景 | 白色背景 | 黑色背景

◀▶ 90° ▲▼ 0° 无反光板

◀▶ 90° ▲▼ 0° 2

◀▶ 135° ▲▼ 0° 无反光板

◀▶ 135° ▲▼ 0° 2

◀▶ 225° ▲▼ 0° 无反光板

直射灯

和容易发生漫射的柔光箱完全不同的是，直射灯能产生很锐利的阴影。

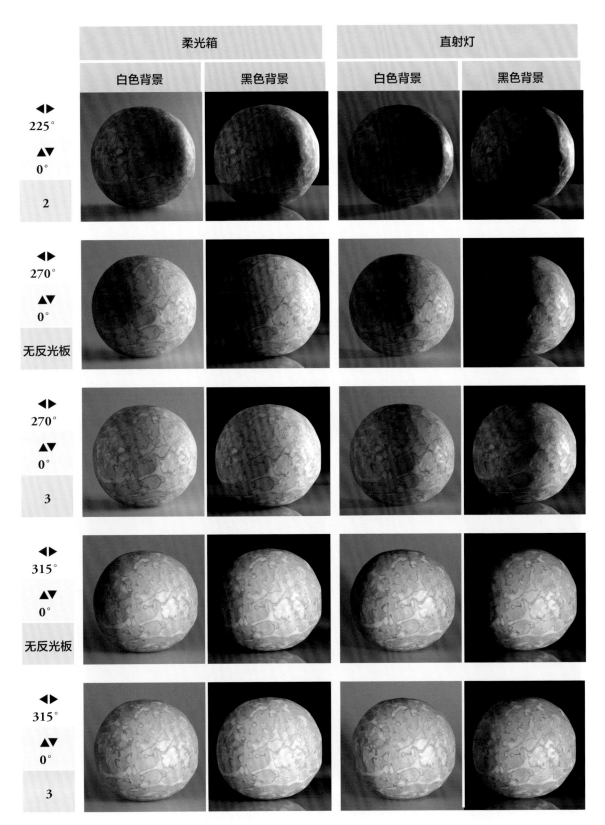

	柔光箱		直射灯	
	白色背景	黑色背景	白色背景	黑色背景
◀▶ 225° ▲▼ 0° 2				
◀▶ 270° ▲▼ 0° 无反光板				
◀▶ 270° ▲▼ 0° 3				
◀▶ 315° ▲▼ 0° 无反光板				
◀▶ 315° ▲▼ 0° 3				

直射灯

就算使用反光板，我们也可以清晰地看到拍摄主体左侧被直射灯照射出来的阴影。

人像补光

对相机而言，面部有两种物理特征。第一种特征包括其外观和形状对光线的影响；第二种特征则是美感。在外观形态上，面部比初看之下更为复杂；虽然头部大致为球体，但是面部拥有不同角度下的数个平面。有些面部比较突出：额头、颧骨和上嘴唇，以及鼻梁在顶光下都会比面部的其他部位更为突出，这在皮肤很光滑的时候更为明显。向下的面部平面，如眉骨的下方、腮部、下巴下方、鼻子下面的两个小的区域以及下嘴唇在顶光下基本处于阴影之中。鼻子会投射出很深的阴影，而眼睛一般也需要一定的正面照明。此外，因为面部是双侧的，这就意味着任何形式的侧面照明都会让面部分成两个部分。通常情况下，面部人像的对比度会比很多人印象中的要高很多。

美颜照明和一般人像照明不同，它需要更高程度的补光来隐藏皮肤的纹理，并提亮面部下方的阴影。

从美感上来看，眼睛是面部最为重要的部分。如果眼睛没有被充分照亮，它们立刻就会引起观众的注意，面部也会显得毫无表情。相比眼睛，第二重要的是嘴，它也是用于表达的另一个重要组成部分。最不受重视的部位是鼻子和耳朵；虽然在一些情况下它们会很显著且具有美感，但是在大多数情况下最好让它们显得较为低调。总的来说，所有的这些视觉特征都让人像用光具有很强的保守主义，最受欢迎的用光风格是在正面头顶使用漫射照明，这也是最接近自然光的照明方式。大多数人像摄影的目标是清晰，这就需要对阴影进行控制。

而在正面头顶的漫射光中，我们也有相当多的不同效果可以选择，使用第106～111页众多不同的漫射和反射配件所创造的差别看起来很细微，其实起到了很重要的作用。反光伞通常有很好的效果而且是最常见的配件之一，但是它可能会让漫射效果过于强烈且让光线没有方向，从而让面部缺乏结

3盏灯+反光板

这是基本布光中的一种，可以参考第184～185页的内容，这种布光是在正面头顶使用一个大面积主光源，并在左侧、下方和右侧使用反光板。另一种补光方法是在左右两侧3/4位置处各使用一个大面积光源（如果需要可以让灯的功率不对称），并在下方使用一个反光板（大型银色亚光纤维纺织布）。

左侧3/4照明
3盏灯中的主灯为正面偏左侧的柔光光源。

右侧3/4照明
为了与上面的光源对称，我们在右侧使用位于类似角度的另一盏灯，两盏灯的亮度平衡可以调整为左侧灯的亮度略高。

最终照片
通过使用接近正面的照明，最终照片中面部的光线十分充足，但是轮廓的显现依靠的是3/4侧面照明。

背光
第三个光源是在女孩背后对着相机的两个闪光灯（相互接近，位置一上一下），透过一块较厚的半透明有机玻璃板进行补光。

构。同时，因为所使用的固定方式，反光伞无法贴近面部，光线的散布无法得到控制，炫光会很容易发生。局部照明能够更准确、更容易控制，但是因为其更有方向性，所以需要近距离使用。使用反光板是最简单的方法，阴影补光的效果强弱也完全取决于个人品味。镜子或者金属箔的补光效果过于强烈，补光过于明显，亚光银色（或者暖色调的金色）反光板更为常见。另一种方法是使用漫射效果强，或者功率相对较低（主光源输出功率的1/4比较理想）的光源进行补光。没有发生漫射的光源产生的阴影会分散观众的注意力，让画面变得更加复杂。

背光照明

从物体背后照射过来的光线能够强调物体的轮廓和形状，它的作用是分离背景或突出图形的构成。

这是对月光进行逆光拍摄的影棚版本，或者说漫射或者反射的版本。实际上，大多数的这类技术是为了创造面积比较大的背光照明。影棚中背光照明的用途有1～2种。当背光照明单独使用，或者在拍摄主体前方进行少量的补光时，它能够带来剪影的布光效果。如果搭配较强的正面或者侧面照明，它就能保证清晰明亮的背景，且完全没有阴影。当然，这也是拍摄透明和半透明物体（请参考第174～175页）的主要技巧。控制背光的真正技巧是控制照明区域的形状和均匀度，从侧面使一个面积较大的区域实现均匀照明并不是一件容易的事情。

第106～109页提到的区域照明，如果在拍摄主体背后面向相机使用会有很好的效果。如果这些灯为柔光箱，请注意柔光箱上不能出现褶皱。实际上，有几种半透明材料能够很好地提供漫射的效果，但是只有很少的几种材料完全没有任何纹理。如果光源作为拍摄的背景，这一点就十分重要了：光源上不能出现任何褶皱、条纹、污点，甚至是纺织材料的纹路。从某种程度上来看，保持背光灯和拍摄主体之间的距离能够淡化这种效果，因为它们可能在景深范围之外，但是最好的预防方法就是使用完全柔和的材料（例如亚克力板这样的）。

直射背光照明的主要问题就是如何让照明均匀。当使用单灯的时候，我们有两种基本方法能够让照明均匀：其一是增加漫射材料的厚度，其二是让光线更加扩散。这两种方法都会降低光线的亮度。最有效的增强漫射的方法分为两步，首先是在灯的前方放置一个较小的漫射板。若想扩散光线，既可以调整灯上的光线聚焦控制（如果该灯拥有这个功能），也可以将灯进一步后撤。如果在侧面使用一个反光板，可通过为主背光板的边缘反射一些光线来

底部光

从物体下方射出光线在现实生活中并不常见，但是从拍摄静物照片的角度来看，这对于将物体从背景中分离出来有着很好的效果。

照明静物台

这种为静物摄影设计的工具有很多类似的构造，当下方有光源向上照明时，这块可调整的乳白色塑料板可以成为能够发生漫射的底座。暗角（从桌子中央开始向边缘变暗的效果）的量可以通过下方灯的距离和漫射程序来进行调整。可调整的金属框架能够让塑料板弯曲，使背景产生一种无边天幕的效果，而在相机角度较低的时候，前面预弯曲的部分能够使底座逐渐消失。塑料板上方的部分为亚光材料，可以消除反光。

提供一定的帮助。添加额外的灯具可能让光线重叠，但是这种情况也需要一些心思和技巧。通常来说，如果我们让光线交叉，使它们对准背光板的远端就能比较容易地实现光线的均匀覆盖。从背光板的一

侧到另一侧进行测光，最好使用手持测光表。为了测量实际光线的曝光值，最直接的方法是将手持测光表放置在拍摄主体的位置，背对相机面向背光板进行测光。如果我们使用相机里的反射光测光表，那实际的曝光值一般应该增加2～2.5挡来获得洁白的效果。

直射背光并非唯一的方法。反射背光在很大程度上都更容易使用，尤其是在范围比较大的时候，使用一面干净的没有标记的白墙或者类似的表面都可以获得很好的效果。将隐藏好的灯具对准反射面，确保没有光线落在拍摄主体上；如果背景距离拍摄主体较远，光源就会更加容易被吸光板遮挡。如果想获得均匀的光线，需要使用至少两盏灯，并按照之前介绍的方法让光线交叉。而使用4盏灯，让它们分别对准拍摄区域的一个角是更好的选择。条形灯是为了背光照明而特别设计的。

日光
对着太阳拍摄能够得到极强的背光效果，这是拍摄剪影的最佳条件。

舍利塔和女孩
对背光的明亮的迷雾进行拍摄，背景现在就成了剪影。

背光照明

197

侧面光和轮廓光

对于圆形的拍摄主体来说，侧面照明是非常有效并且戏剧性很强的选择，物体中央从明到暗的区域可以强烈地表现物体的纹理。在人像摄影中，因为面部两侧对称，这能够在拍摄完整面部的时候产生对半的效果，从面部中间分割（因此被称为"刀斧光"）。虽然这种效果并不常见，但是却有很强的图像效果。当露出3/4侧脸的时候，阴影会变得比较复杂。在很多情况下，完全侧面的肖像照是最适合侧面光的（照片呈现的是被正面照亮的面部的侧面视角）。

使用一盏灯对准相机的中轴，形成90°角，再搭配适当的补光，能够形成很好的造型灯效果。

当单一主光源向后移动的时候，侧面光就变成了轮廓光。使用这种照明技术时，物体轮廓能够在深色背景的衬托下显现出来。当没有任何其他光源时，我们能够获得最有戏剧性的高反差效果，单灯照明的明亮轮廓可以勾勒出物体的形状。最适合这种光线的物体为轮廓相对简单、清晰的物体。投射的效果可能会让照片的主题不明确，尤其是当它们投射的影子和被照亮的轮廓相交的时候。轮廓光还可作为辅助光使用，尤其在人像、商业和美颜摄影中。

最简单的轮廓光技术是对日光进行模拟：在物体背后使用一盏灯直接对准物体，既可以放在物体的正后方，也可以放置在画面之外。如果放在画面之外，我们可能需要让光线更加集中，或者至少应避免光线倾泻到镜头中或者画面的其他部分。如果光线的覆盖宽度刚好能覆盖拍摄主体，那么轮廓光的效果就会最强。使用轮廓光的最基本条件是保持背景黑暗。不仅背景的材料是黑色的，它还不能被光线照射到。达到这个目的的一种方法是确保背景和光源之间有足够的距离；或者让背景在拍摄主体和光源之间，让光线从它的边缘掠过。一个背光点

垂直结构的侧面光
这张埃及卢克索神庙的照片拍摄于日出后不久。结构的垂直性通过剪裁和望远镜头得到了强化，在侧面光下获得了最佳的造型效果。

光源适合头发或者皮毛这种可以反射或折射光线的物体，能够展现很明显的边缘的纹理。集中的光源可以形成很强的光晕。柔和且明亮的物体表面更适合比较宽泛的区域光，使用条形灯能得到更好的效果，因为它能更均匀地分布反射光。

轮廓光和对比度

轮廓光在自然环境中极少出现，它的存在需要两个条件：光源位于物体背后，从一侧照射在物体的轮廓上；并且能将物体从较深的阴影中脱离出来，比如这张在苏里南河岸上拍摄的照片。

效果最大化

垂直向下拍摄一个艺术家画板上的一块老朱砂。环境光是被漫射的日光，这对表现朱砂表面复杂的纹理几乎没有帮助，因此我在低角度位置处使用一盏聚光灯进行照明。

轮廓光和纹理

这是曾经在环绕曼谷的运河上常见的场景，一个赤膊的男子在狭窄的水道里撑着一艘驳船。在这张照片中，轮廓光捕捉到了布满男子皮肤的汗水的光泽。

邮筒

这个仿英国设计的日本邮筒，被低角度的太阳从一侧照射，所呈现的效果很像上一页埃及神庙的照片。此外，这束光线能让邮筒从太阳投射的阴影里凸显出来。

侧面光和轮廓光

正面照明

环形闪光灯
在镜头前使用环形闪光灯是运用没有阴影的轴向照明的最简单方法。画面展示的是布朗灯（Broncolor）制造的功率为3200W，具有通用相机卡口的环形闪光灯。

轴向照明是十分准确的正面照明，它与相机镜头视角的中轴同轴。因为完全看不到阴影，所以在一些特殊的情况下，我们值得去创造轴向照明。创造轴向照明的方法只有一种：在镜头前面将光束分开。但是还有一些其他有类似的手段。

在相机的位置或其后方设置的轴向照明能够产生一种平整的、几乎没有阴影的效果，如果使用得当，则可以获得惊人的清晰度。

首先是分光法，这也是正面投影系统的工作方法，我们可以自己创造出类似的效果。它的基本原理是在镜头正前方放置一片半镀银镜，按适当角度放置的镜子能够将光线向正前方反射。因为其具有半镀银的特性，所以它只会将镜头前的视野变暗而非像一般的镜子一样进行完全遮挡。如果它的放置角度和场景呈45°角，而光线以90°角照射到场景中，那么光线就能完全沿着镜头的中轴进行传播，也就是我们通过取景器取景时所看到的方向。原理很简单，但是如何按照需求设置相机、光线和镜子则需要我们动一些脑筋。我们可以通过一面很薄的普通镜子（它和半镀银镜必须都很薄，以免影响画质）来获得略差的效果，并使用几种不同的拍摄主体来对它进行检验。最明显的效果是完全没有阴影；有一些远离视线的边缘可能会比较暗，和使用便携式闪光灯得到的效果一样，画面中所有比较浅的物体都会变成图像中纯粹的影调和色彩。

半镀银镜的另一种特质是，面对相机的发光表

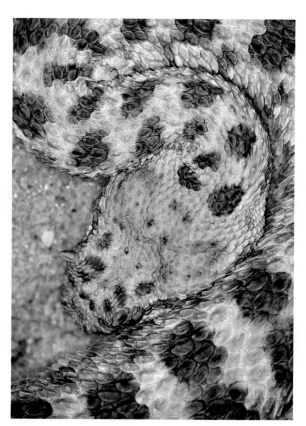

强调伪装效果
响尾蛇拥有自然的图案和色彩，以帮助它们在干旱的地表环境中伪装自己。能够勾勒出轮廓的侧面光可以很好地展现出这条蛇的外形，但是不会产生阴影的环形闪光灯能够更好地体现它的伪装效果。

面能将光线完全反射回镜头中。这是拍摄人像时发生红眼反射的起因，也是前投式投影屏幕的工作原理。屏幕上镀有大量极其细小的透明球体。这些球体就像虹膜及道路上的"猫眼"反光板，只将光线直接反射给观众。前投式系统投射的图像沿着视线进行传播，然后通过屏幕反射回镜头；在任何其他方向都是不可见的。这些屏幕使用3-M的视觉丽反光材料（Scotchlite）制作而成；我们可以购买一些并将其放置在分光镜上进行实验。

轴向照明的最后一个有趣的用法是无论光源的大小，它们都可以放在镜头的光轴之外。在微距摄影中，拍摄距离极小，这个用法就会带来极大的优势。

环形闪光灯能够在直接照明的同时提供极其接近轴向的照明方式。因为灯具环绕镜头，因此它能提供一种不同的无影照明方式，每一侧很浅的阴影都可以被另一侧的光线抵消。传统的设计是能够安装在镜头前方的闪光单元；而能够在正常拍摄距离下提供足够照明的钨丝灯在这种情况下会过热。对于一些特定镜头的特殊设计，环形闪光灯是内置集成的，不同的放大倍率是使用补充镜片来实现的。环形闪光灯的主要用途是近距离摄影和微距摄影；在这种拍摄距离下，使用一般的照明工具所产生的强烈阴影很难避免，因为很难将它们放置在离拍摄主体足够近的位置。

三角钢琴
在紧贴相机的位置放置一个柔光箱，能够在这个俯视的拍摄角度使三角钢琴的内部产生一种更有冲击、不同寻常的视觉效果。

古董银制盒子
一般来说，拍摄这种反光银制物品时，使用环形闪光灯是不恰当的，但是照片中缺乏的阴影反差被上色的部分和抛光的部分因反射而造成的高反差所弥补，效果是非比寻常的。

顶光

当云层遮挡太阳，让大片的天空成为一个巨大的光源的时候（请参考第50～51页），这种效果就类似于过顶照明。而在摄影棚中，虽然它适用于静物摄影，但是它的使用却并不常见。这主要是因为它的实用性不好，把灯布置在头顶上方比装在灯架上要费力得多，虽然这更像一种托词。使用吊杆，或将一根横杆架装在两个支架或灯具撑杆的门框立柱设备上，以及天花板上的轨道系统都是解决方案。相比其他摄影类别，静物摄影在有限的条件下对灯光位置的灵活性有更高的要求，需要一个系统能方便地将灯具放置在任意位置并对任意方向进行照明。电线很容易在使用过顶照明时挡在空中，因此需要时刻保证布线的合理与安全。

从正上方照射而来的光线可能产生大量阴影，虽然这种照明方式不太适合人像摄影，但是如果能控制阴影，它就能使静物摄影产生非常冷酷、整洁和优雅的效果。

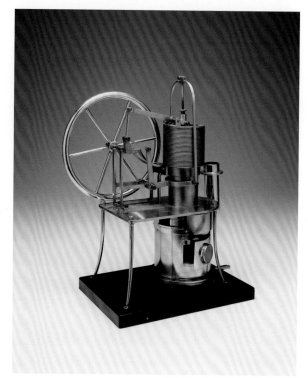

使用弯曲背景板后的顶光照明
拍摄这个19世纪的铜引擎模型时使用了很经典-简洁的布光，在弯曲的白色塑料板上方悬挂一个柔光箱，拍摄主体自上而下由亮变暗，使用弯曲背景板后，拍摄主体由下至上从明到暗，形成了影调的自然反差。

静物摄影的一个标准照明方法是过顶照明，悬挂的灯具能够从物体的正上方直接照明。当这种照明方法和光滑的白色底座结合使用的时候，物体下方可能出现的阴影都会自动被反光所填充。将底座向光照区域以外的地方延展并向后上方弯曲，形成弧形，就能在可见的背景范围内产生阴影渐变效果；如果将底座向上弯曲（将其悬挂或者靠在墙上）能够加深阴影。这样的布置根据相机的拍摄角度，能够使拍摄主体（高光在上，阴影在下）和背景（上部较亮，底部较暗）形成干净且诱人的影调对比。

白物体黑背景
这个古董象牙日晷能够很好地配合来自上方的漫射单灯发出的光线。灯光的角度进行了调整，让盒子内部受到光线量得到了少量的减少。

热带日光

对于人像摄影来说，头顶上的太阳并非传统的选择，但是对于纪实摄影来说，它就不会有太大的影响。在这张照片中，斑驳的热带植物的影子是照片氛围的必要组成部分。拍摄RAW文件能够让我们在后期制作中修复丢失的高光和阴影细节。

矩阵灯

在拍摄预算允许的情况下，我们可以使用矩阵灯。矩阵灯不仅能够保证拍摄现场的顶光的质量，还可以像上图一样在多云的天气下产生一种不寻常的照明的混合效果。汽车的形状和表面的光泽让过顶的漫射光成为最适合的选择，这款3m×9.2m（约为10英尺×30英尺）的矩阵灯使用轻质铝合金管框架，重量仅为91kg（约为200磅），表面使用柔和的银色反光材料，能够使用闪光灯，镝灯或者宽光束开放式钨丝灯。

顶光

多重光源

从风格和技术角度来看，多重光源是指通过分别对每一个物体表面进行处理来构建自己的效果。

在本章的大部分内容中，我们假定只使用一盏灯来配合不同程度的阴影补光。对于很多，甚至是绝大多数摄影工作来说，这已经足够了。所有的日光条件都只有一个光源，即便它的照明效果通常因反光和遮光而发生强烈的改变。单一光源除了容易构思以外，对观众而言还有直观、简单的特点；它也常常不受瞩目。影棚和室内摄影则不受单一光源的限制，布景越大，就越需要考虑使用多个光源，让每一个光源都能负责不同区域的照明。

要达到这个目的，有两种方法。第一种方法是使用单一光源的逻辑来设置主光源或者关键光源，然后根据特殊的目的添加其他光源。第二种方法是先使用补光灯，再为其添加背景光，为人像提供眼神光、轮廓光或者背光等。像投射光这样的精确照明可以负责一个很小的区域来对场景中亮度的平衡进行微调。这种方法在概念上的不同之处是没有主光源，取而代之的是为所有物体或区域逐一布光，这在室内和大型布景中非常常见（请参考后几页的内容）。而从器材和所需时间的角度来看，它自然要比单一光源的布光更复杂。

墨锭

在这张书法家工作台的细节照片里，从窗口射进来的漫射光和天光提供了整体照明，但是为了强调这块镀金的中国古墨锭，增加画面的趣味性，我使用了一盏300W的聚焦灯，从左边较低的狭窄角度进行照明。

星球大战仓库

ILM 在加利福尼亚州的道具仓库堆满了来自电影"星球大战"和"夺宝奇兵"系列电影的著名道具。因此，我使用了大量的灯具来照亮每一个物品。

龙虾菜肴

在拍摄食物所使用的不同照明风格中，刻意使用色温和光束的对比能为照片带来更鲜活的感觉，尤其在拍摄能够反光的釉面时更是如此。在这张照片中，一盏色温为3200K的聚光灯和画面后方从朝北的窗户照射进来的色温更高的白光形成了很好的反差。

多个柔光箱

这个摄影棚使用了5盏带柔光箱的白炽灯，在这种情况下没有一盏灯是主灯。最大的柔光箱摆放在后方3/4侧面的位置处，产生接近轮廓光的效果。这5盏灯里的每一盏都负责这辆哈雷摩托车和车手不同区域的照明。摩托车上大量的铬零件和不同的平面是将最大的柔光箱放置在后方的主要原因。相机的位置与这张照片的观看视角一致。

鱼子酱

前方和上方放置的使用了柔光箱的闪光灯能够给银器带来适当的漫射照明，但是一盏小的钨丝灯能为照片添加闪光点（对于表现鱼子酱的小颗粒十分重要）和颜色。

照明空间

室内和房间的布景形成了独有的照明类别，和一般的摄影棚环境不同的是，在这种空间中相机感觉在场景内部，而非从外部观察。

除非是细节照片，一般在拍摄这种空间时，我们大多使用广角镜头，在避免画面边角发明明显的畸变的情况下尽可能使用广角镜头。正是由于这样，照片通常能覆盖这个立方体空间6个平面里的3～4个平面。而因为广角，灯具的摆放位置被限制在相机后面或侧面200°左右（用360°减去镜头视角）的范围内，或相机前方的隐蔽空间里。

拍摄室内场景时几乎不可避免地要控制多种光源，并且需要对所需的效果进行计划安排。

较小的灯具可以隐藏在视野之内（如在床或者其他较大的家具后面），大型的照明工具可以在场景外通过门、床和墙进行照明。

俱乐部

这是中国香港的一处旧建筑的内部。我决定使用自然光加补光的照明形式，并参考人造光源（钨丝灯）来选择白平衡和整体的视觉效果。室内使用的灯具的尺寸和输出功率完全取决于空间的大小。如果灯具需要依靠墙体和天花板进行反光，那照明的效果就会缺失很多。通常来说，每盏灯需要功率至少为800W的灯泡。

印刷车间

这个博物馆式的室内环境（就像下一页照片中的布景一样）所提供的照明无法很好地展现印刷机的阴影部细节。我使用了3盏灯：左边在画面外的一盏漫射灯，相机右后方的一盏反射灯和透过门上的一大张描图纸向内照明的第三盏灯。

重构的室内布景

这个重构的室内场景位于华盛顿的国立美国历史博物馆内，因此拍摄时需要真实感。为了达到这个目的，主灯从窗外进行照明，同时使用一片半透明材料进行散射，并且使用一些炫光来增加氛围感。

自然光

这个位于日本的当代办公室的前台区域拥有一种特别的氛围，不使用摄影用灯具来进行拍摄是更妥当的选择，但是我使用了Photoshop的阴影/高光工具，通过适中的设定来调整这张在纯自然光下拍摄的照片。

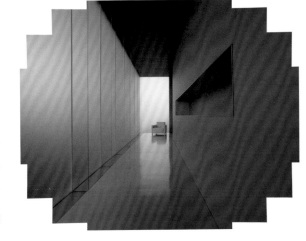

在我们考虑照明计划之前，首先要考虑的是整体照明的概念。几乎所有的空间，尤其是居住空间都已经拥有自己的照明设备，因此要解决的第一个问题是是否利用原有的照明设备。如果要利用，则我们通常可以在以日光为主的环境和以人造光源照明的夜间环境之间进行选择。如果这个空间有很多窗户，每天不同时间受到日照的角度不同，我们就可能有其他的一些自然状态可以选择。另一种选择是完全使用摄影照明设备，但是在布光时，我们也可以选择复制现场自然光的效果，或者完全参考而重新进行布光设计。我们还有一些折中的选择，例如当现有的照明效果不足时，可以使用灯具来进行补充照明（例如教堂天花板上的灯光一般相对较暗）。

为原有照明下的阴影补光问题在胶片时代就发生了变化。之后，为了还原室内环境的视觉效果，我们几乎都需要使用一些灯具进行补光，最简单的方法就是在相机后面使用1～2盏灯照射背后的墙面。这并不需要照明达到某种精准程度，同样的技术也适用于数码摄影。然而，就算是Photoshop中的阴影/高光工具这样最简单的数码后期技术都可以替代补光，这样做还能减少时间和需要携带的器材的重量。进一步来说，曝光合成和HDR图像可以处理任何的光线条件，而且可以在不使用灯光的情况下提供更有真实感的拍摄选择。除了方便性，这种方法还能捕捉室内环境的真实氛围，这对于拍摄一些建筑物的内部是十分重要的（如一座老的教堂或者日本的茶道馆）。在灯具上节省的时间和成本可能远远超过额外的后期制作所需要的开销。

柔化光线

就像我们可以把室外环境想象成一个巨大的影棚，其中包含构成日光的组成部分一样，摄影用灯也可以用来模仿自然光的效果。漫射自然是最常用的调整手段，主要是因为大部分灯具都是体积小且亮度高的光源。第106～111页展示的漫射和反射配件只是其中基本的道具。对于很多摄影师来说，柔光箱和反光伞是最基本的配件。

对主光源进行漫射能够通过消除锐利的高光和阴影边缘，以及提亮阴影来获得更圆润清晰的图像。

对光源进行柔化的一部分原因是为了效率，另一部分原因是为了品味和潮流。效率是指光线能够尽可能地展现画面中的内容，并且尽量避免突兀的高光和锐利的阴影这类"副作用"对画面造成的影响。大面积光源能够拓宽高光，降低对比度，对阴影进行补光，还可以对阴影的边缘进行柔化，使它几乎无法被分辨，这些方面可以体现它的效果。

品味并不是一个十分理性的问题，但是通常更为重要，我将它和潮流挂钩，是因为视觉品味，尤其在摄影领域，常常会发生变化。在静物摄影中，使用柔光并不是一件新鲜事，但是在20世纪60年代后期，柔光技术成了广告摄影的标准技术，从此

漫射日光

在室内环境中，大的窗口在没有直射日光的情况下能提供柔和的照明效果。在这个位于泰国的两层楼高的会客室里，窗户位于相机后面，窗口朝北。

就成了这种类型摄影的规范。尤其是过顶放置的柔光箱，因为能让拍摄主体沐浴在顶光下，已经被证实有广泛的吸引力，或者至少无伤大雅，因此很适合基本的产品摄影。我们对这种用光手法最差的评价也无非是平淡无奇、墨守成规而已。

银质盖子

这个闪亮的百花香香料罐首先由单一的柔光箱进行照明（最右侧图）。之后将描图纸卷成一个锥形的静物棚，将它放置在香料罐周围，就获得了相同光源的漫射效果（右图）。

柔化光线

　　几乎所有摄影用灯具都可以看作点光源，能产生非常生硬、高反差的光线，必须通过漫射才能产生可控制的照明效果。所有柔化光线的方法都参考同一个原则：增大光源的尺寸，这样从拍摄主体的角度看光源，有效的光源面积才会更大。达到这个目的的两种主要方法是漫射和反射。哪种方法更好取决于灯具的类型、拍摄条件以及摄影师所需要的精确效果；每一种方法都有其独特的效果。

　　漫射配件安装于灯具的前方，大多使用一种半透明材料，如蛋白石有机玻璃、白色纤维布或磨砂玻璃。一些更加开放的幕布（如纱布和蜂巢）能产生类似的效果。当光线从灯具和漫射配件之间溢出的时候可能会比较麻烦，此时使用密封的漫射配件就会有优势。一种和闪光灯灯头配合使用的区域灯是特别为这种情况而设计的灯具。不然还可以使用自主支撑的导光框、有波纹的半透明塑料或半透明柔光伞。

　　在使用反光板时，灯光通过反射面的反射进行传播；灯具对准反光板发光，然后朝拍摄主体方向反射。当光线通过这些反光面进行反射的时候，它所损失的亮度要高于使用漫射配件时的量，但是安装大型反光板通常都更简单。实际上，白色的墙面和天花板是大型反光板中最简单易用的。最常用的反光板是可折叠的反光伞，里面可以使用不同类型的内衬（从白色到金属色），但是只要将任何种类的亮色材料平整地悬挂在框架上（或天花板上）都可能产生足够的效果。材料表面越偏向亚光，反射光的面积就越宽，也越均匀，但是损失的光线也越多。反光板表面材质基本分为亚光白、高光泽白、褶皱的金属箔、亚光金属面和镜面。

控制扩散

光线的扩散是柔化光线的常见问题，有3种解决方法：蜂巢网格（下图），可折叠纤维网格（左图中正在被安装，以及左下图中两个较高灯架上安装的配件）以及遮光板（上面有3盏灯的图片中左下角灯上的配件）

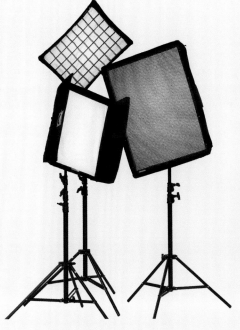

灯罩

全方向灯罩也可以产生柔光的效果。上图中正在安装纤维罩，以进一步对光线进行漫射。

包络光

柔 化光线最极致的方法是将布景包围在一个可发生漫射的光源之中。这和使用多个灯具从不同角度照明来为阴影补光的方法完全不同。就像我们在第202～203页看到的那样，多重光源技术需要考虑到不同的高光、反差和区域的细节，以及方向性。使用多盏灯进行照明是很容易被察觉的。包络光技术是漫射光技术的一种延伸，其光线环绕且缺乏方向性。我们选择这种技术有两种原因。首先是为了获得柔化、温和和无影的效果；其次是为了解决反光性很强的物体的问题，例如在它们的镜面中会看到周围的环境，包括相机、灯具和影棚。

对于拍摄小尺寸的静物和微距照片来说，对拍摄主体使用无方向性、无阴影的包络光是最简单的技术，这对反光也可进行特殊的控制。

最传统的手段是使用静物棚。在拍摄主体周围使用同样的柔光材料（半透明纤维布，甚至是描图纸）来代替灯具前使用的漫射配件。灯具可以放置在静物棚外的任何位置，光线都可以被漫射。同时，因为拍摄主体被白色的材料所包围，所以光线会在静物棚内反射，提供很重要的阴影补光效果。拍摄主体立刻就会被柔和的光线所包围。这不仅能有效地还原拍摄主体四周的细节，还能提供在很多人看来柔和且诱人的光线效果。调整照明效果最简单的方法是将静物棚外的灯具挪近或挪远。当灯具更远的时候，漫射的效果就越强，这也代表着静物棚幕布上的热点就更不容易被察觉。同时，照射到静物棚内的光线亮度会降低，需要我们使用更慢的快门速度或更大的光圈进行拍摄。

使用一个主光源还能保持一定的方向性，我们可以在静物棚内，在拍摄主体的另一侧使用反光板来进一步为阴影补光。在主光源对面添加另一盏灯则能够更有效地为阴影补光。改变第二盏灯和静物棚之间的距离就能调整它和主光源的亮度关系。当然，使用的灯具数量并不受限制，精确度也不是十分重要。静物棚周围的灯具越多，包络光的效果就越强，照明的方向性就越弱。

真正的静物棚在组装和使用的时候需要一些窍门，因为它们需要悬挂在上方。此外，为了保证其完全包围物体，并且减少任何光亮表面对相机本身的反光，镜头必须从纤维布的一个小洞（能够使镜头周围完全密封）探入进行拍摄。一种更易用的设计是丽图徕制作的可折叠纤维方形静物棚，虽然这种静物棚有边角，可能在圆形的抛光物体上出现反光问题，但是它易于展开、放置和使用。

金条
像金条这种有反光表面和曲线的物体是漫射光最好的使用对象。在拍摄这张照片时，我使用了一大张描图纸环绕在布景周围。镜头探进来的缺口可以在照片的边角上看到，但是还是可以接受的。

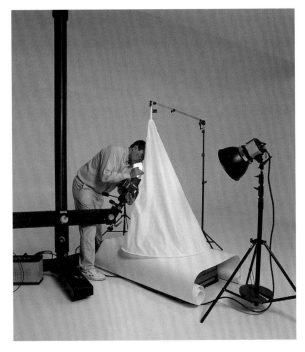

拱形无影墙和反光板
汽车摄影由于尺寸和表面反光的限制，常用的照明方法是使用拱形无影墙（从地板到墙面的一个大型弧面背景）及准确摆放的大型反光板。

静物棚
这是一个标准的静物棚布景，通过支架上的吊杆来支撑静物棚。其适用于拍摄高反光物体，如前一页的金条。

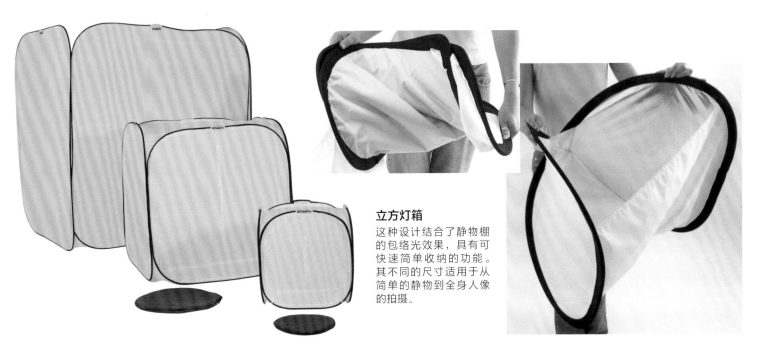

立方灯箱
这种设计结合了静物棚的包络光效果，具有可快速简单收纳的功能。其不同的尺寸适用于从简单的静物到全身人像的拍摄。

包络光

包络光

银质容器

我通过这个银质容器来展示下面一系列可能的照明布光。灯的放置位置请参考下一页。

无补光	少量补光

裸灯系列

在这个系列的照片中，我使用了裸灯，这会产生更强烈的阴影。这组照片拥有所有照片中最弱的漫射光效果。

柔光箱系列

这个系列使用了40cm×80cm的柔光箱。

立方灯箱系列

在这个系列中，容器被放置在立方灯箱（请参考第211页）中，它给物体周围提供了均匀的漫射光。这组照片是所有照片中漫射程度最高的。

灯光布置

下面的表格都使用一盏主灯且一直使用最大功率。补光灯会持续增加亮度（低、中和最大），且列表 最后一列的照片中增加了底座灯。

补光灯

拍摄主体

主灯

相机

底座灯

为了说明效果，这张照片中只使用了底座灯来进行照明；它位于半透明表面的下方。

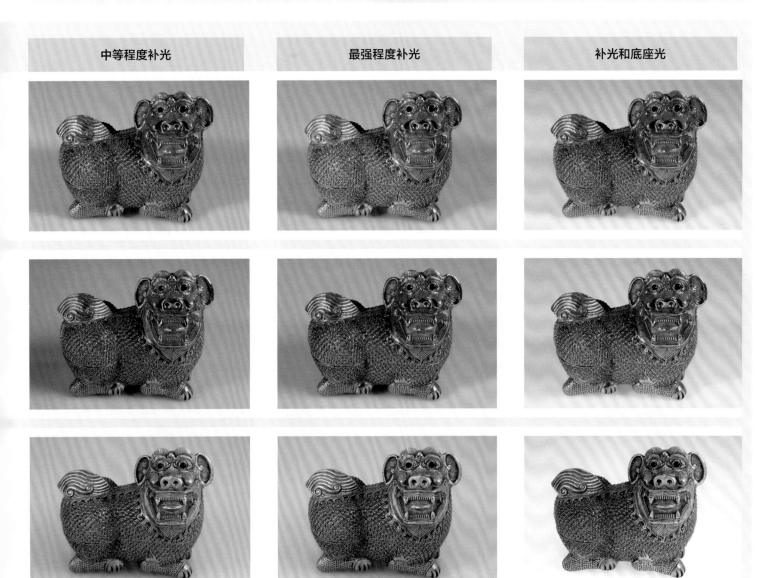

中等程度补光	最强程度补光	补光和底座光

包络光

让光线更锐利

束光筒
它是一种锥形无镜片的配件，通过遮光罩将光束集中至一个圆形范围内。

把光线集中成一道狭窄的光束并不是漫射的对立面，而第178～179页上能够投射出强烈阴影的裸灯泡才是。将光线集中的目的是限制照明的区域，这也就意味着要定义一个形状。最简单的方法是包围光源的边缘，让光束通过一个狭窄的开口照射出来。束光筒通过一种延长的遮光罩形式来产生圆形的光照区域。在灯具前方使用遮光板能实现更自由的定形效果，将遮光板挡在光路上就能创造矩形或者梯形的光束。使用带透镜（包括菲涅尔透镜）的聚光灯能够实现更高的准确度和更多的效果选择。这些灯具带有聚光透镜，能够让圆形的照明区域的边缘更加锐利，也通常都带有沿光轴移动灯

从风格上来看，和包络光相反的是集中聚焦光，它通过一系列技术来确定阴影及其边缘。

泡的设计。而菲涅尔透镜是一种更扁平的设计，它把聚光透镜分段，按弧度压缩到一个接近平面的碟片中。

当聚光灯和多层次照明相结合的时候（请参考第156～157页），数码技术能够为效果的准确性提供一种极有价值的额外控制。就像我们这里的例子之一，由一盏灯照亮的边缘可以通过Photoshop的橡皮擦或历史工具进行扩宽或变窄。对实际使用聚光灯的照片采用这种仿聚焦技术可以达到完全真实的效果，正如下一页的例子。

日光
由于其强度和距离上的特点，晴朗天空中的太阳可以看作一个点光源，其投射出聚集的阴影。当天气情况较好时，使用日光拍摄也许比架设摄影灯具拍摄更简单。

聚集的阴影
这张照片保留了羽毛、纸张和奔色墨水的细节。通过加了透镜的聚光灯来创造锐利的光线，所有才有如此完美清晰的羽毛的影子投射在纸张上。

数码聚光灯控制

在这一系列的照片中，我们分情况进行了拍摄，以便之后对最终的效果进行完全控制。这样进行拍摄完全不会有任何损失。

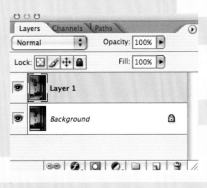

图层和擦除

将原图图层覆盖在聚光灯照明版本的图层之上。使用柔和的橡皮擦来还原想要运用聚光灯照明效果的部分。

已有的店面光源

这是伦敦的一家商店里的货架和玻璃杯的细节照片，该商店对光源的设计使用经过了深思熟虑。然而玻璃杯上部的细节丢失在了墙面上的阴影里，虽然，玻璃杯是可以使用直接照明的。

添加聚光灯

一盏有透镜且使用了遮光板的聚光灯从低角度照射，为玻璃杯带来了一些活力，在所需要的位置投射出的额外的影子也可以强调玻璃杯的郁金香外形。但是，尽管尝试使用遮光板来对光线进行遮挡，柜子的边缘还是过亮了，新的光源也过于明显地切割了墙上的阴影。

最终组合

请注意墙上阴影的结构与玻璃杯及其影子的轮廓应一致，这等同于一种非常精准的造型灯的效果。

小型照明

要在对较大物体进行照明的同时保持真实性，就需要使用小型灯具来保持锐利的阴影边缘，比如这个博物馆会堂的内部结构的例子。

光学精准照明

就算是使用了透镜的聚光灯（一般为菲涅尔灯），其投射出的光束的形状依然是有限的，光束的边缘只能通过调整遮光板或者在光源和布景之间放置吸光板来进行控制。此外，菲涅尔灯通常会有"热肩"效应，即圆形光束的外缘的亮度通常会比中央部分的亮度要高。在

塑光控制的更高境界是使用投影聚光灯，并配合使用透镜配件，就可以把特定的塑光形状投射在布景中的特定部分。

使用日光镝灯的时候也有一个额外的小问题，这些灯具没有均匀色彩特性，在一些对焦位置会有光束边缘发蓝的风险。

投影射灯和投影射灯配件是需要精准形状和精准边缘时的选择。很多这样的器材在靠近透镜系统的聚焦节点处都有可调节的光圈，也有使用自制塑光道具（遮光片）的空间。在和对焦系统结合使用的时候，光束通过遮光片和光圈，可以投射出锐利或模糊的形状。滴度光（Dedolight）是一个有专利的照明系统，专门用来处理这类精准照明，可以在大型布景中投射出精确定义的形状，且不会和其他照明元素发生冲突。

眼神光配件

它最初的设计是为了在电影里创造眼神光（在演员的眼睛里产生高光效果），这款滤镜配件是为投射点光源而设计的，它由3个聚碳酸酯滤镜组成，可以将阴影的边缘柔化（它们并不是漫射滤镜）。当边缘完全柔化的时候，照明效果就从可以辨别的形状变成了一种光晕。

滴度光

这个全内置的滴度光DLHM4-300使用一体化的电子供电设备，可以使用4种不同的输入电压：240V、230V、120V和100V。它使用的是双非球面镜系统。

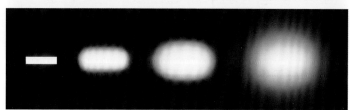

①

②

③

④

投射点光源

滴度光系列400影像灯是一个投射配件和模块系统。投射配件的后部包括两个透镜聚光系统，它的图像平面控制系统能够让从侧面照射的投射光正确对焦。光栅组件能够设定照明区域的边缘，既可以使用可调整的叶片也可以插入遮光片。

塑形照明

一盏使用了投射点光源和眼神光滤镜的滴度光可以实现标签上的高光效果。在聚光且不使用滤镜的情况下，标签的高光效果极其突出。提高滤镜的强度，就能将高光效果更好地融入整体的照明效果中。

最弱的滤镜（图1）只能将边缘从阴影的边界分开，而最强的滤镜（图3）或者几片滤镜的组合能创造出十分柔和的过渡，不过高光效果就不再明显，只剩下柔和的光晕。

光束调整

这一系列图片展示了3种不同的机械操作，调整灯泡、镜子和副镜头之间的相对位置，以获得从聚光到泛光之间20:1的强度变化。在动作1中，从56°光束的超泛光降为泛光，灯泡和镜子从两片滤镜处一起向后移动。在动作2中，在光束中间范围找到一个特定的点将第二片滤镜加入灯泡和镜子的行列一起向后移动。最终，在动作3中，第二片滤镜停止移动，灯泡和镜子继续向后移动，形成很窄的聚光光束。

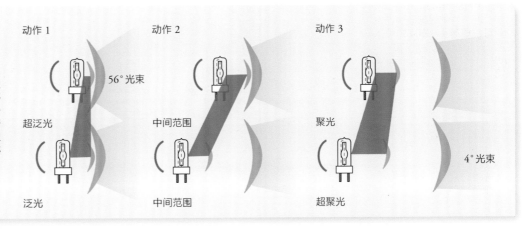

动作 1　　　动作 2　　　动作 3

56°光束

超泛光　　中间范围　　聚光

泛光　　中间范围　　超聚光　　4°光束

图书在版编目（CIP）数据

光线与用光：迈克尔·弗里曼数码摄影用光完全指南：十周年纪念版 /（英）迈克尔·弗里曼（Michael Freeman）著；张悦时译. -- 北京：人民邮电出版社，2021.8（2024.4重印）
ISBN 978-7-115-55796-4

Ⅰ. ①光… Ⅱ. ①迈… ②张… Ⅲ. ①数字照相机—摄影技术 Ⅳ. ①TB86②J41

中国版本图书馆CIP数据核字(2020)第268160号

♦ 著　　　[英]迈克尔·弗里曼（Michael Freeman）
　　译　　　张悦时
　　责任编辑　白一帆
　　责任印制　陈　犇
♦ 人民邮电出版社出版发行　　北京市丰台区成寿寺路 11 号
　　邮编　100164　电子邮件　315@ptpress.com.cn
　　网址　https://www.ptpress.com.cn
　　北京九天鸿程印刷有限责任公司印刷
♦ 开本：787×1092　1/12
　　印张：18.33　　　　　2021 年 8 月第 1 版
　　字数：360 千字　　　2024 年 4 月北京第 2 次印刷
　　著作权合同登记号　图字：01-2018-8761 号
　　定价：129.00 元
读者服务热线：(010)81055296　印装质量热线：(010)81055316
反盗版热线：(010)81055315
广告经营许可证：京东市监广登字 20170147 号